U0560020

体育学术研究文丛

篮球竞争情报系统构建研究

岳 文 著

北京体育大学出版社

策划编辑　潘　帅
责任编辑　田　露
责任校对　吴　珂
版式设计　中联华文

图书在版编目（CIP）数据

篮球竞争情报系统构建研究/岳文著 . --北京：
北京体育大学出版社，2024. 1
ISBN 978-7-5644-3943-9

Ⅰ.①篮… Ⅱ.①岳… Ⅲ.①篮球运动-竞争情报-
系统模型-研究 Ⅳ.①G841②G350. 7

中国国家版本馆 CIP 数据核字（2023）第 214619 号

篮球竞争情报系统构建研究　　　　　　　　　　　　岳　文　著
LANQIU JINGZHENG QINGBAO XITONG GOUJIAN YANJIU

出版发行：北京体育大学出版社
地　　址：北京市海淀区农大南路 1 号院 2 号楼 2 层办公 B-212
邮　　编：100084
网　　址：http：//cbs. bsu. edu. cn
发 行 部：010-62989320
邮 购 部：北京体育大学出版社读者服务部 010-62989432
印　　刷：三河市龙大印装有限公司
开　　本：710mm×1000mm　1/16
成品尺寸：170mm×240mm
印　　张：15. 5
字　　数：246 千字
版　　次：2024 年 1 月第 1 版
印　　次：2024 年 1 月第 1 次印刷
定　　价：95. 00 元

序

　　竞争情报研究作为一个十分有意义的科研课题，得到了国内外学术界的高度重视并取得了大量科研成果。随着竞争情报研究不断向纵深发展，我国体育领域的竞争情报研究也有一些成果相继问世，但无论是研究成果还是研究者数量皆屈指可数，其原因主要包括如下两大方面：一是对理论的重要性认识不足；二是应用性研究较多，这与缺乏长远眼光有关。这部专著的作者对上述阻碍我国体育情报理论发展的问题进行综合分析，在将多方面情况进行碰撞与整合后，决定采用竞争情报、体育竞争情报作为解决问题的路径。并以篮球运动项目的情报理论研究作为主题，将我国篮球竞赛情报的工作实践精华抽象出来，提炼成理论，同时以欧美篮球强国相关研究成果作为借鉴，构建出系统的、科学的、符合我国国情的篮球竞争情报系统理论模型，从而指导我国篮球竞赛情报工作的实践。希望此研究在使我国篮球竞赛情报工作的发展具有理论依据的同时，能唤醒人们对体育情报理论研究的重视，并为其他项目的相关理论建设提供参考。所以，这部专著具有重要的理论价值。其现实意义主要体现在以下三个方面：①开展篮球竞争情报系统构建是球队获取竞争优势的保证。篮球竞争情报系统是球队的"中央情报局"，为我国高水平篮球运动队在新时期如何应对内外部环境变化、提高战略决策能力、获取新的竞争优势、形成科学化发展的新增长点提供新思路。建立有效的篮球竞争情报系统，对情报信息进行合理的控制、管理和使用，对于提高我国篮球运动竞技水平具有重大现实意义。只有顺应时代潮流并科学地做出发展规划，才能尽早地实现习近平总书记的殷切期望——"'三大球'要搞上去，这是一个体育强国的标志"。②开展篮球竞争情报系统构建研究是体育行政部门实施战略管理的基础。篮球竞争情报系统除了为教练员和运动员提供信息产品外，还为更高级别的管理决策层，即体育行政部门，如国家体育总局篮球运动管理中心或各俱乐部管理层服务，进而使管理层能够对本单位的篮球项目进行科学规划、合理定位，这对推动我国竞技篮球进入更科学化的战略管理阶段起到重要作用。③开展篮球竞争情报系统构建研究是体育信息化建设的重要内容。体育的信息化建设是我国信息化整体战略的重要组成部分，也是实现我国体育现代化的必然选择。竞争情报是关于信息的研究，篮球竞争情报研究顺应了体育信息化建设的大趋势。建设篮球竞争情报系统对实现我国竞技篮球运动的跨越式发展、加快其现代化进程具有重要的现实意义。

　　我的学生岳文博士，她自小练习篮球，高中就读于篮球传统项目学校——辽宁省实验中学；本科以高水平篮球运动员的身份考入华中科技大学；2011年考入北京体育大学体育人文社会学专业（体育管理方向）攻读硕士学位，并代表学校参加全国体育院校篮球锦标赛；2014年考入北京体育大学体育教育训练学专业（篮球方向）攻读博士学位，2017年6月获得博士学位；2017年8月入职北京航空航天大学体育部，负责本科生篮球课和北航女篮代表队的竞训。她一直致力于篮球运动的教学和科研，对国际篮球形势、发展趋势的判断以及国内篮球现状的把握有着敏锐的洞察力和独到的见解。因此，她顺应时代潮流、结合我国高水平篮球运动的实际情况，撰写了这部将篮球运动与竞争情报并轨研究的专著。文中梳理了欧美篮球强国在该领域的现状，提炼出可以借鉴的规律和精华，勾勒出一个可以学习的范本，以期促进我国篮球竞争情报领域的快速发展。本研究是一个比较有意义的开始与尝试。当然，由于篮球竞争情报研究是一个极其复杂的课题，特别是在具体实践中会涉及许多不具有很强规律性的问题，给科学研究带来较大困难。这就需要研究者初心不改、矢志不渝，于未来继续深入探索，利用科学方法不断发现、总结规律。

摘　要

　　本文采用文献资料法、专家访谈法、问卷调查法等方法对我国高水平篮球运动队的竞赛情报工作现状进行思考与探索，在结合篮球项目特点的基础上引入竞争情报理论，并参考国外先进经验，以期建立我国篮球竞争情报系统，希望为我国高水平篮球运动队的相关建设提供理论指导，为其决策层的科学决策提供支持，以帮助球队在激烈比赛中获取优势、取得比赛胜利。主要结论如下。

　　（1）国内外体育情报的发展皆经历了先驱阶段、传统体育情报阶段和现代体育情报阶段。国外经验给我国体育情报发展的启示对建立和完善高水平运动队情报团队、运用高科技大力支持体育情报工作和加强对从事体育情报工作人员的培养具有重要的作用。

　　（2）篮球竞争情报是篮球运动队为在竞赛中取得和保持竞争优势而生产的关于竞争对手、本方球队及竞争环境的分析性情报产品，以辅助主教练做决策。这种分析性情报产品主要生产于赛前及备战期间；产品内容为竞争对手、本方球队、竞争环境这三个方面的调查与评估，以及根据评估结果提出多个竞赛备选方案以供主教练从方案中做出选择。

　　（3）篮球竞争情报系统是篮球运动队为了在竞赛中取得和保持竞争优势而建立起来的组织机构和配套的信息运行系统，是通过收集和分析竞争对手、本方球队和竞争环境信息后生产的篮球竞争情报来辅助主教练决策的决策辅助系统。信息运行系统是生产与传递篮球竞争情报的运作系统，由篮球竞争情报收集子系统、分析子系统和服务子系统组成；组织机构则是信息运行系统的运作实体。

　　（4）篮球竞争情报收集子系统是整个系统的输入系统，分析子系统是篮球竞争情报的"制造车间"，服务子系统是篮球竞争情报系统的输出系统。三个子系统之间的关系为：收集子系统根据首席情报官确立的情报主题进行信息收集，之后对所获信息进行初步整理，同时做好资料的保管及定期归档等前期工作；分析子系统则采用恰当的方法分析收集子系统所获信息，生产出所需要的分析性情报产品；最后由服务子系统以用户喜欢的方式对产品进行包装，并将其及时输送至各个用户手中。

（5）篮球竞争情报系统的运作实体是篮球运动队的情报机构，主要由首席情报官和篮球科研工作者组成，业务流程大致为竞争情报收集、分析与服务，具体涉及录像剪辑、技战术分析、球探、数据分析等工作。首席情报官既是篮球情报机构的主管，负责篮球竞争情报系统的运行、工作计划等的制订和管理，又要参与球队的核心决策。

（6）篮球竞争情报收集子系统分为篮球竞争情报收集内容、收集渠道和收集方法。篮球竞争情报收集内容指标体系共包含3个一级指标、8个二级指标和70个三级指标。篮球竞争情报收集渠道主要有录像观察，互联网和内联网，媒体信息，实地考察，人际网络，书刊、档案、学术论文等文献资料，咨询或聘请熟悉竞争对手的人员，从体育公司购买。篮球竞争情报收集方法为视频采集法、技术统计法、实地观察法、文献资料法、访谈法。

（7）篮球竞争情报分析子系统分为篮球竞争情报分析主题、分析方法和分析工具。篮球竞争情报分析主题大体可分为双方竞技能力现状、双方竞技能力特点和本方球队竞赛策略。篮球竞争情报分析方法为指标细化法、数据分析法和策略分析法。篮球竞争情报分析工具主要有澳大利亚 Sportstec 公司研发的 Sportscode Gamebreaker 软件、加拿大 Corel 公司研发的 Video Studio 软件、美国 Adobe 公司研发的 Adobe Premiere 软件、美国 Synergy Sports Technology 公司的视频编辑平台、瑞士 Dartfish 公司研发的 Dart Trainer 软件。

（8）篮球竞争情报服务子系统分为篮球竞争情报服务内容、服务形式和服务对象。篮球竞争情报服务内容包括竞争对手、本方球队、竞争环境的信息资料，竞争对手、本方球队、竞争环境的现状，双方竞技能力特点及风格，本方球队竞赛策略。篮球竞争情报服务形式为队内定期会议、声像信息报告、内部数据库、书面专题报告、培训讲座、内部竞训简报、个人交往或联系、电子邮件。篮球竞争情报服务对象为主教练、球员、球队管理层。

关键词： 篮球竞争情报；篮球竞争情报系统；系统构建

目　录

1　概　述

1.1　研究背景

1.1.1　"信息时代新阶段"下体育信息化建设的客观要求

人们常用最具有代表性的生产工具来代表人类的一个历史时期[1]。依照此理论，人类文明史经历了原始社会（石器的使用使人类进入原始社会）、农业社会（铁器的使用使人类进入农业社会）、工业社会（蒸汽机的使用使人类进入工业社会）。目前，人类正处于"信息时代"，标志性技术发明为数字计算机、集成电路、光纤通信和互联网等。虽然媒体等领域充斥着"大数据时代"的说法，但云计算、大数据等新兴信息技术并未出现与前述划时代技术发明可媲美的技术突破，难以构成一个超越信息时代的新时代[2]。所以，可以将信息时代划分为若干阶段，大数据、云计算、物联网、移动互联网、社交网络等新一代信息技术构成的 IT 架构第三平台是信息时代进入新阶段的标志[3]，是新常态下提高生产率的新杠杆。

党的十八大报告中提出了"新四化"——工业化、信息化、城镇化、农业现代化的发展要求，并重点突出了信息化。信息化已成为一个国家经济和社会发展的关键环节，信息化水平的高低成为衡量一个国家或地区现代化水平和综合实力的重要标志。同样，作为社会细胞的体育

〔1〕　赵伟. 大数据在中国［M］. 南京：江苏文艺出版社，2014：31-32.
〔2〕　CCF 大数据专家委员会. 如何正确认识大数据的价值和效益［EB/OL］.（2016-02-16）［2016-02-17］. http：//www. gfang. cn/kejinews/show. php？itemid=39386.
〔3〕　李国杰. 对大数据的再认识［J］. 大数据，2015，1（1）：9-16.

事业，体育的信息化水平也是一个国家综合实力的体现。体育信息化是指采用信息技术对体育资源进行信息层面广度和深度的开发和利用，从而对体育实现有效管理和监控、提高体育资源综合使用效益[1]。在信息时代进入新阶段的形势下，为了充分发挥信息化建设对"十三五"时期体育事业发展的促进作用、全面贯彻落实《2006—2020年国家信息化发展战略》《促进大数据发展行动纲要》和《大数据产业发展规划（2016—2020年)》等文件，必须加大我国体育的信息化建设力度，这对实现我国体育事业的跨越式发展、加快体育现代化进程有着重要意义。本研究从"三大球（足球、篮球、排球)"中的篮球运动项目入手，将竞争情报理论与篮球项目并轨研究，构建出篮球竞争情报系统理论，继而响应时代号召、顺应信息时代新阶段的发展趋势，为篮球运动项目的信息化建设出一份力，同时也为其他体育项目的相关建设提供参考。

1.1.2 "三大球搞上去是体育强国的标志"的现实需要

2014年8月15日南京第二届夏季青年奥林匹克运动会开幕前夕，习近平总书记来到南京青奥会运动员村，代表党中央、国务院、全国各族人民向中国代表团全体运动员、教练员、工作人员和志愿者致以亲切问候。他走到篮球场边观看"三人制"篮球男女队训练，并对运动员和教练员说："'三大球'要搞上去，这是一个体育强国的标志。……我们的篮球排球有过辉煌，也有过高水平，可以把篮球的目标定得更高点，争取拿到更好的成绩，你们这一代大有希望。"[2]同年10月，国务院颁布《关于加快发展体育产业促进体育消费的若干意见》（以下简称《意见》)，《意见》指出要抓好潜力产业，以足球、篮球、排球三大球为切入点，加快发展普及性广、关注度高、市场空间大的集体项目[3]。2015年2月27日，在习近平主持召开的中央全面深化改革领导小组第十次会议上审议通过了《中国足球改革总体方案》，明确指出实

---

〔1〕 孙庆祝，刘逢翔，陈家起，等. 我国体育信息化发展趋势及对策研究［J］. 西安体育学院学报，2007，24（1）：7－12.

〔2〕 习近平. "三大球"要搞上去［EB/OL］.（2014－08－15）［2015－08－09］. http：//news. xinhuanet. com/politics/2014－08/16/c_1112103222. htm.

〔3〕 国务院. 国务院关于加快发展体育产业促进体育消费的若干意见［EB/OL］.（2014－10－20）［2016－02－09］. http：//news. xinhuanet. com/politics/2014－08/16/c_1112103222. htm.

现中华民族伟大复兴的中国梦与体育强国梦息息相关，是全国人民的热切期待。可见，国家对"三大球"的发展空前重视。2016 年是"十三五"规划的开局之年，是全面建成小康社会决胜阶段的开局之年[1]，也是促进我国足球、篮球、排球又好又快发展的关键阶段。而我国"三大球"竞技水平不高、发展体系碎片化的现状，使得有必要对"十三五"期间"三大球"的发展进行科学、系统的研究。[2]

纵观 21 世纪的竞技篮球发展，训练与竞赛服务的多学科理论与信息技术的有力结合是世界篮球运动的一个发展趋势。实践证明，在日益激烈的竞技比赛中一支球队要想取得优异成绩，首先要运用现代信息技术收集竞争对手技战术和生理生化等信息并进行高度整合，然后运用运动训练学、运动解剖学、运动生理学、运动心理学、竞技参赛学、体育管理学等多学科理论制定出具有针对性的战术并进行长期的训练，方能在比赛中完成预期目标。自 2000 年悉尼奥运会以来，我国篮球界开始重视篮球竞赛情报工作，尤其是国家体育总局篮球运动管理中心于2004 年聘请立陶宛人尤纳斯·卡兹劳斯卡斯（Jonas Kazlauskas）担任中国国家男子篮球队（简称"中国男篮"）主教练、2005 年聘请澳大利亚人汤姆·马赫（Tom Maher）担任中国国家女子篮球队（简称"中国女篮"）主教练，两人不仅带来了国外先进的篮球理念和训练方法，还让我们接触到了当前国际流行的篮球视频分析软件 Gamebreaker、Dartfish、Datebasket 等。他们对篮球竞赛情报工作非常重视，尤纳斯·卡兹劳斯卡斯为男篮聘请了专业球探，汤姆·马赫则主要依靠助理教练米歇尔·蒂姆斯（Michele Timms）和自己的妻子罗宾·马赫（Robin Maher）帮助其建立世界女篮信息资料库。2006 年，为备战 2008 年北京奥运会，篮球运动管理中心组织开展相应的科技攻关课题为男、女篮国家队服务，如《备战 2008 年奥运会篮球专项信息研究与科技服务》《备战2008 奥运中国男女篮决胜时刻攻防战术信息服务》《世界优秀男篮技战术特征及对中国男篮备战奥运会的启示》。2008 年，时任篮球运动管理中心副主任的胡加时在"中国篮球运动发展研究会 2008 年年会"作的

---

〔1〕 胡鞍钢. 2016：中国"十三五"开局之年 [EB/OL]. (2016 - 01 - 02) ［2016 - 02 - 10］. http：//news. xinhuanet. com/politics/2016 -01/02/c_ 128588878. htm.

〔2〕 钟秉枢，郑晓鸿，邢晓燕，等. "十三五"我国足球、篮球、排球发展研究 ［J］. 上海体育学院学报，2016，40（2）：7 -12.

主题报告——《我国篮球奥运情况的报告》中，指出我国男、女篮在2008年奥运会上取得不错成绩的重要因素之一是对竞争对手情报信息的搜集分析工作做得扎实有效。在职业队方面，广东宏远队作为中国职业篮球的探路者于2005年率先引进了专业技战术分析软件Sportscode Gamebreaker。广东宏远队接连取得骄人战绩，其背后的科技力量逐渐受到关注，于是其他俱乐部相继效仿，将视频分析软件作为情报分析工具。篮球竞赛情报工作的重要性及我国高水平运动队对篮球竞赛情报工作的重视程度可见一斑。所以，我国篮球项目想要在大数据、云计算、物联网等现代信息技术出现的新时期快速发展，必须更加重视情报建设，并有效利用现代信息技术手段使篮球竞赛情报工作朝着科学化方向发展，从而更好地服务于球队，帮助球队提高竞技能力、取得优异的比赛成绩，这样才能不负习近平总书记的殷切期望：通过篮球竞技水平的提高推动中国体育事业再上新台阶，实现中国体育强国梦。

1.1.3 体育情报理论和竞争情报理论发展的必然选择

体育情报（sports information）为传播满足特定需求的体育方面新知识，包括体育管理、体育教学、体育科研和训练竞赛等整个体育事业中有用的新知识[1]。体育情报工作始于20世纪40年代末50年代初，是根据体育实践的客观需求，有目的、有组织、有计划地收集国内外最新体育情报信息，经过整理、加工、储存或分析后快速准确地传递给用户[2]。1977年体育情报学的概念首次被提出：体育情报学是深入研究和提供创造性体育情报的科学，从属于体育科学。20世纪80年代末蓬勃发展的以信息化为主要特征的知识经济掀起了"信息"与"情报"之争，将情报学推入进退维谷之地，而受情报界大环境影响的体育情报也遭遇了同样的生存危机。经过10余年的"信息"与"情报"大辩论，这场风波的结果就是情报学成为信息科学的一门子学科。在网络化、知识化浪潮的冲击下，情报学如何发展和定位成为关键问题[3]。

---

〔1〕 熊斗寅. 体育情报与体育科学 [J]. 体育科学，1984（1）：76 – 82.
〔2〕 熊斗寅. 情报与体育情报 [J]. 贵州体育科技，1986（4）：16 – 19.
〔3〕 李林华，容春琳. 再论竞争情报与情报学的发展 [J]. 情报资料工作，2007（1）：18 – 21.

现代竞争情报（competitive intelligence，CI）产生于 20 世纪 50 年代、崛起于 20 世纪 80 年代，以 1986 年成立的美国竞争情报从业者协会（Society of Competitive Intelligence Professionals，SCIP）为里程碑[1]。该协会认为竞争情报是一种过程，在此过程中人们用合乎职业道德的方式收集、分析和传播有关经营环境、竞争者和组织本身的准确、相关、具体、及时、前瞻性及可操作性的情报[2]。直至 20 世纪 90 年代中期，管理者才认识到作为关键资产的竞争情报的重要性[3]。竞争情报被认为是情报学的重要发展，使情报学有了突破困境的出路。竞争情报的出现也给体育情报带来了发展空间，于是，体育竞争情报在 20 世纪 90 年代末兴起。体育竞争情报（sports competitive intelligence）是体育情报理论的进一步发展（即信息的情报化），也是竞争情报理论的进一步丰富，它的出现拓宽了情报学、竞争情报和体育情报研究的视域和内容。

　　虽然目前我国的体育竞争情报研究尚处于起步阶段。但是构建科学的、系统的篮球竞争情报理论体系以指导我国篮球竞赛情报工作的持续快速健康发展，是我国篮球界的必然选择与迫切需要。

1.2　研究目的

　　目的是行为主体根据需求并借助于意识而预先设想的结果，行为主体的实践活动以目的为依据，目的贯穿于实践过程始终。本研究便是基于前文诸多背景因素的驱动而生，且目前该领域的系统研究尚属空白，即缺少一套用于指导实践的完善的篮球竞赛情报理论。所以，本研究对我国高水平篮球运动队的竞赛情报工作现状进行思考与探索，在结合篮球运动项目特点的基础上引入竞争情报理论，并参考国外先进经验，以期建立我国篮球竞赛情报工作体系的理论——篮球竞争情报系统，希望为我国高水平篮球运动队（这里的"高水平篮球运动队"是指国家队及职业队；若其他级别的运动队具备一定条件，如经济能力、人力资

　　[1]　黄汝群. 2000—2010 年国外竞争情报研究述评 [J]. 情报科学，2014，32（3）：156–161.
　　[2]　Bergeron P，Hiller C A. Competitive intelligence [J]. Annual Review of Information Science and Technology，2002，36（1）：353–390.
　　[3]　盛小平. 1996—2008 年国外竞争情报基础理论研究进展 [J]. 图书情报工作，2009，53（20）：87–92.

源，亦可根据自身需要借鉴下文进行球队篮球竞争情报系统的建设）的相关建设提供理论指导，为其决策层的科学决策提供支持，以帮助球队在激烈比赛中获取优势、取得比赛胜利。

1.3　研究意义

1.3.1　理论意义

　　竞争情报研究作为一个十分有意义的科研课题，得到了国内外学术界的高度重视并取得了大量科研成果。随着竞争情报研究不断向纵深发展，我国体育领域的竞争情报研究也有一些成果相继问世，但无论是研究成果还是研究者数量皆屈指可数。而具体到对篮球运动项目的竞争情报进行全面、系统的研究，目前国内更是没有学者涉足。具体来讲，体育竞争情报是关于信息的研究，体育竞争情报的崛起顺应了信息时代的发展趋势。我国竞技篮球运动能否抓住良机顺应该趋势，站在时代发展前沿，建立起适合我国篮球运动发展需要的新理论，从而不断提高球队竞训的科学化水平和决策的科学程度，这需要清醒认识和准确把握时代特征所思考的重大问题。但目前的局面是体育竞争情报在国内体育界并没有得到应有的重视，与此同时，我国体育情报的实践工作正在如火如荼地进行着，即实践先于理论，实践与理论两条线的发展严重不平衡，导致的结果是我国体育情报工作缺乏理论指导，从而无法得到快速、健康的发展。我国体育情报工作的发展长期缺乏理论依据，有如下几个方面的原因：①对理论的重要性认识不足；②盲目而一味地投身于应用性研究，这与追求短期利益、缺乏长远眼光的动机与意识形态格局等有关；③一部分体育情报工作者意识到理论的重要性，但是要么没有能力从事该项理论研究，要么苦于寻找立论基石，即跟不上时代发展脚步、未能创造性地将竞争情报等理论引入研究过程，研究出的结果往往是浅尝辄止，无法构建出科学的系统理论。

　　本研究对上述阻碍我国体育情报理论发展的问题进行综合分析，在将多方面情况进行碰撞与整合后，决定采用竞争情报、体育竞争情报作为解决问题的路径，并以篮球运动项目的情报理论研究为主题，将我国篮球竞赛情报的工作实践精华抽象出来，提炼成理论，同时以欧美篮球强国相关研究成果作为借鉴，构建系统的、科学的、符合我国国情的篮球竞争情报系统理论模型，从而指导我国篮球竞赛情报工作的实践。希望此研究在使我国篮球竞赛情报工作的发展具有理论依据的同时，能唤醒人们对体育情报理论研究的重视，并为其他项目的相关理论建设提供参考。

1.3.2　现实意义

本研究的现实意义主要体现在以下三个方面：①开展篮球竞争情报系统构建研究是球队获取竞争优势的保证。篮球竞争情报系统是球队的"中央情报局"，为我国高水平篮球运动队在新时期应对内外部环境变化、提高战略决策能力、获取新的竞争优势、形成科学化发展的新增长点提供新思路。建立有效的篮球竞争情报系统，对情报信息进行合理的控制、管理和使用，对于提高我国篮球运动竞技水平具有重大现实意义。只有顺应时代潮流并科学地做出发展规划，才能尽早地实现习近平总书记的殷切期望——"'三大球'要搞上去，这是一个体育强国的标志"。②开展篮球竞争情报系统构建研究是体育行政部门实施战略管理的基础。篮球竞争情报系统除了为教练员和运动员提供信息产品外，还为更高级别的管理决策层即体育行政部门，如国家体育总局篮球运动管理中心或各俱乐部管理层服务，进而使管理层能够对本单位的篮球项目进行科学规划、合理定位。这对推动我国竞技篮球进入更科学化的战略管理阶段有重要作用。③开展篮球竞争情报系统构建研究是体育信息化建设的重要内容。体育的信息化建设是我国信息化整体战略的重要组成部分，也是实现我国体育现代化的必然选择。竞争情报是关于信息的研究，篮球竞争情报研究顺应了体育信息化建设的大趋势。建设篮球竞争情报系统对实现我国竞技篮球运动的跨越式发展、加快其现代化进程具有重要的现实意义。

1.4　研究思路与内容安排

1.4.1　研究思路

研究的思路与流程如图 1 所示。

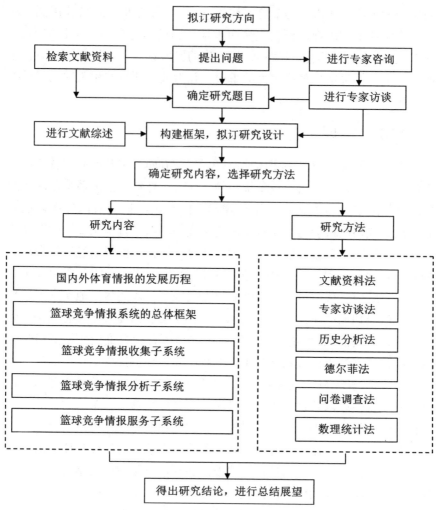

图1 研究的思路与流程

1.4.2 内容安排

本研究遵循"发现问题—分析问题—解决问题"的思路,将理论研究与实例分析相结合、定性研究和定量研究相结合、系统研究与重点研究相结合。首先,回顾了国内外体育情报的发展脉络与演进历程,通过对比分析后提出国外经验对于我国的启示,并指出改善我国篮球竞赛情报工作现状的路径——构建篮球竞争情报系统。然后,对篮球竞争情报系统进行总体框架设计,厘清体育竞争情报、篮球竞争情报和篮球竞争情报系统的相关概念及特征等，在宏观设计上借鉴系统科学理论——从要素、结构、运行、功能等主要维度来建设系统。之后，分析篮球竞争情报系统的运作实体——篮球竞争情报中心。最后，着重论述篮球竞争情报系统的核心部分，即对三个子系统的构建。

本研究主要分为 10 部分完成论述，具体如下。

第 1 部分：由概述引出论题，系统梳理研究背景和研究意义，明确研究目的，阐述研究思路、内容安排及本研究的创新点；

第 2 部分：对国内外篮球竞赛情报研究现状进行论述和评析，提出本研究的切入点和定位；

第 3 部分：阐述本研究的立论基石；

第 4 部分：明确研究对象，交代采用的研究方法；

第 5 部分：回顾国内外体育情报发展历程，点明国外经验对我国体育情报发展的启示，并提出改善我国篮球竞赛情报工作现状的路径，即通过构建篮球竞争情报系统，来顺应国际体育情报发展潮流；

第 6 部分：对篮球竞争情报系统进行总体设计；

第 7 部分：对篮球竞争情报收集子系统进行构建；

第 8 部分：对篮球竞争情报分析子系统进行构建；

第 9 部分：对篮球竞争情报服务子系统进行构建；

第 10 部分：对全文进行总结、归纳，得出主要结论，并提出本研究的后续研究建议，如篮球反竞争情报子系统构建研究、篮球竞争情报中心构建研究、篮球竞争情报系统构建的实证研究、篮球竞争情报系统的评价体系构建研究等。同时提出若有机会定要出国考察一番，提取符合国情的国外该领域优秀要素来构建本系统。

1.5　主要创新点

以往我国篮球竞赛情报领域专家、学者们的研究主要集中在如下几个方面。①各高水平篮球运动队的情报专业人员为球队提供情报服务的实用性成果，而并不热衷于将其转化为可传承的学术性文字产品。②课题组学者们根据球队需要进行针对性研究，研究结果主要以报告的形式提供给球队，若为不涉密内容，则可投稿于学术期刊。③纵观篮球竞赛情报领域的文献，其研究内容主要包括如下几个层面：第一，微观层面研究。主要为对篮球竞赛情报工作体系中的某一组成部分的调查或介绍，如对某一职业（视频分析师、球探等）的调查、某一软件（Gamebreaker视频分析软件等）的介绍；某比赛的技战术分析、数据分析（此类文章颇多）等。第二，宏观层面研究。主要为我国篮球竞赛情报的现状描述（如我国篮球竞赛情报获取及应用影响决策研究[1]），抑或研究涉及我国篮球信息情报系统构建的理论，但此类研究非常不成熟，不仅缺乏立论基石，而且研究过程简单、研究结果和结论突兀。由此可见，目前，专家、学者们要么倾向于实用性研究，要么注重微观层面的数据分析（这类解释性研究的目的同样是向实用性靠拢）以及一些描述性研究和探索性研究。而仅有的几篇以宏观视角进行研究的文章却也仅停留在简单了解状况的描述性研究上，或者是对有关信息情报系统构建的内容进行不科学地、简单地堆砌。可见，该领域缺乏从整体视角进行的理论性研究。

本研究的特色和创新之处在于：①研究视角创新。本研究是站在宏观层次上，从篮球竞赛情报工作的整体性、全面性出发，将零散的、现有的理论和实践研究成果进行甄选、串联和整合，并在研究过程中尽量弥补现有操作中各环节的漏洞，加之借鉴欧美篮球强国此领域的先进经验，构建我国篮球竞赛情报工作理论体系。②研究内容创新。本研究的理论依据主要为竞争情报理论，探索性地将该理论引入篮球项目中，实现二者的首次并轨研究，从而形成科学化、系统化、专业化、规范化的篮球竞争情报系统理论，希望借鉴此理论构建竞争情报系统的球队能够提高其科学决策能力、获得竞争优势。该理论体系主要包含如下两个方面的内容：①国内外体育情报发展历程、篮球竞争情报系统总体框架、篮球竞争情报系统运作实体、篮球竞争情报收集子系统、篮球竞争情报分析子系统和篮球竞争情报服务子系统；②梳理出部分国外篮球竞赛情报工作现状，并根据国内实际情况引进相应的先进理论与技术，以解决我国篮球情报源与收集途径单一、技术统计落后、情报分析与处理能力差等问题，从而突破语言障碍，帮助我国篮球竞赛情报研究在大数据环境下尽快与国际接轨。所以，本研究是通过规范分析与实证分析后构建的宏观的、系统的、科学的、与时俱进的理论体系，是以指导实践、提高竞争力、取得比赛胜利为目标的创新性探索。

---

〔1〕 周权. 我国篮球竞赛情报获取及应用影响决策研究〔D〕. 北京体育大学，2010：4.

2 文献综述

2.1 国内篮球竞赛情报研究现状

目前，国内尚未有学者提出"篮球竞争情报系统"或"篮球竞争情报"的概念，仅有2篇文章涉及篮球项目的竞争情报研究：一篇为陈勇等人的《我国高校竞技篮球实力布局特征的体育竞争情报分析》，依据体育竞争情报对竞争对手、竞争环境、竞争策略三方面分析的需要，收集历届全国大学生篮球联赛男女参赛队比赛成绩等数据资料后进行聚类和对比研究[1]；另一篇为陈金伟的《国际篮球专利技术领域竞争情报的可视化分析》，是借鉴图书情报学的学科理论，以德温特（Derwent）创新索引专利数据库获取的国际篮球专利文献为研究对象，利用CiteSpace软件进行专利文献计量分析，以可视化图谱的形式呈现出篮球专利的时间、专利权人、发明人、热点技术领域及核心专利领域的分布特征并对其进行系统分析[2]。此外，笔者还检索了大量与本研究相关的文献资料并进行了归纳梳理，主要包括以下几个方面的内容。

2.1.1 关于竞赛情报的研究

在竞赛情报方面，顾笑冬在《声相情报在篮球比赛前的应用》中，提出现代技术的声相报告在篮球比赛的运用中具有快速、直观等特点，充分利用这一科技手段来收集录制竞争对手的资料，评定对手实力、主力队员职责及技术特点等，将对本方球队大有助益[3]。于振峰在《浅

〔1〕 陈勇，刘成，王满秀. 我国高校竞技篮球实力布局特征的体育竞争情报分析 [J]. 上海体育学院学报，2011，35（6）：97–101.

〔2〕 陈金伟. 国际篮球专利技术领域竞争情报的可视化分析 [D]. 新疆师范大学，2015：6.

〔3〕 顾笑冬. 声相情报在篮球比赛前的应用 [J]. 辽宁体育科技，1988（4）：34–36.

谈篮球比赛前的侦察与准备》中，认为当代高级别的篮球赛事在比赛之前往往要先进行"情报战"或者"信息战"，应当利用现代信息科技手段去伪存真地收集分析信息，从而制定出最佳战术方案[1]。周权在《我国篮球竞赛情报获取及应用影响决策研究》中，对我国篮球竞赛情报概念、篮球竞赛情报收集内容、篮球竞赛情报信息收集途径与手段、篮球竞赛情报加工与处理等进行了理论研究，之后对我国篮球竞赛情报的获取现状进行调查，分析制约其发展的因素，并通过案例做了进一步阐释，最后提出改善现状的相应对策[2]。马国强在《篮球竞赛情报视角下提升高校篮球队训练竞赛水平》中，指出提升高校篮球运动队竞训水平可以从重视训练竞赛信息源的采集工作、研究竞赛情报收集内容和优化训练竞赛方案、熟练掌握情报信息加工处理方法和提升教练团队训练执教水平方面着手[3]。

2.1.2 关于备战大赛中的情报研究

在备战大赛的信息情报方面，张勇等人在《备战伦敦奥运会集体球类项目发展策略研究》中，提出我国球类项目发展中存在对信息情报不够重视、收集内容不够准确的问题，进而针对这些问题提出了相应策略——构建完善的信息情报系统和畅通的信息交流机制。信息情报系统包括赛前情报系统和赛中情报系统，此外，张勇等人还罗列了需要收集的情报内容；在信息情报交流方面，认为教练员应该在比赛中发现问题后利用暂停等机会将作战意图传递给球员，此外还勾勒出信息交流机制的流程[4]。郑刚等人在《中国女篮备战第14届世界锦标赛方略》中提到，米卢蒂诺维奇（Bora Milutinovic，国内常称其为"米卢"）率领中国足球挺进世界杯决赛，其成功经验是非常值得借鉴的，联系中国女篮在备战中的实践，米卢对竞赛情报的重视就是可供女篮参考的一点。米卢非常倚重竞赛情报，他被称为"情报狂"；在临近"十强赛"前，他

〔1〕 于振峰. 浅谈篮球比赛前的侦察与准备［J］. 体育科技，1991（1）：21－24.
〔2〕 周权. 我国篮球竞赛情报获取及应用影响决策研究［D］. 北京体育大学，2010：40－41.
〔3〕 马国强，阿斯卡尔·肉孜. 篮球竞赛情报视角下提升高校篮球队训练竞赛水平［J］. 体育时空，2015（1）：109.
〔4〕 杨桦. 竞技体育与奥运备战重要问题的研究［M］. 北京：北京体育大学出版社，2006：18.

早将同组竞争对手情况进行了详尽分析，将兵家之道的"知己知彼，百战不殆"演绎得出神入化：他派教练组成员四处追踪刺探对手情报信息，并托友人订购竞争对手所在国的体育刊物，还与执教过对手球队的教练员进行商讨请教，甚至会亲自前往某国获取第一手资料等。总而言之，米卢为了打探到情报可谓费尽心机，国足取得前所未有的成绩，单凭米卢扎实的情报工作也该为其颁发一枚"特工"勋章。所以，中国男、女篮在备战期间应该既广泛又准确地了解竞争对手的最新发展与变化，这是教练员做好球队备战工作的重要内容[1]。李辉在《08 年奥运会中国女篮制胜因素的分析》中，提到中国女篮在备战期间通过两种途径获取竞争对手信息，即与奥运会主要对手进行比赛、教练员观看奥运会主要对手的比赛，还阐述了女篮在 2007 年至 2008 年期间邀请了 20 余支别国女篮来国内比赛，并出访了欧美篮球强国及与强国女篮进行训练赛。比赛结束后利用专业视频分析软件研究比赛录像，分析对手战术打法、主力球员技术特点等，从而为备战的训练计划和比赛战术的制订提供了依据[2]。姚健在《中国男篮 2015 年亚锦赛夺冠经验及 2016 年奥运会备战策略》中，指出中国男篮 2015 年亚锦赛的夺冠经验中包括做好了主要对手的情报分析工作。回顾以往，中国男篮在参加世界大赛中曾出现过多次因情报工作不准确而错失良机的情况，故而 2015 年亚锦赛中国男篮对情报工作格外重视：聘请有多年篮球视频分析经验的浙江回浦中学教师冯利正担任情报组组长，负责与宫鲁鸣直接沟通和统筹安排情报信息工作；北大医学院心理学硕士高博主要负责与外教洛安尼斯对接，研究并分析对手的资料；还从中国男篮国奥队及长沙抽调 3 名工作人员，负责拍摄和剪辑对手录像。收集到的主要对手资料容量大都超过 10G，因此能够根据对手不同特点制订不同应对计划。

2.1.3 关于篮球竞训情报信息系统构建的研究

在竞训情报信息系统构建方面，张宏伟在《中国篮球情报信息系统建设及初步应用开发的研究》中，提出我国篮球情报信息方面的研究一直处于停滞状态，所以其研究目的是在总结国内外关于体育情报信息系

---

〔1〕 郑刚，高斌. 中国女篮备战第 14 届世界锦标赛方略 ［J］. 首都体育学院学报，2002（2）：54 - 59.

〔2〕 李辉. 08 年奥运会中国女篮制胜因素的分析 ［D］. 北京体育大学，2009：51.

统及篮球情报信息系统的相关理论的基础上，以现代计算机技术和网络技术为依托结合我国篮球运动发展的实际情况，提出我国篮球运动情报信息系统的建设原则和方法，同时做一些初步应用研究，以期为中国篮球运动情报信息领域的发展和系统的建立提供一些参考[1]。于江杨在《篮球竞赛训练情报系统构建的理论研究》中，对我国篮球竞赛训练情报系统存在的问题进行研究，并从篮球竞赛训练情报收集子系统、篮球竞赛训练情报分析与处理子系统、篮球竞赛训练情报应用子系统三个维度构建我国篮球竞赛训练情报系统[2]。张岩在《我国篮球情报信息系统构建的理论研究》中认为，我国篮球情报信息系统的构建可以帮助中国篮球事业在信息化的时代得到飞速的发展，并提出该系统是由篮球情报信息收集子系统、篮球情报信息处理与分析子系统和篮球情报信息服务子系统组成；此外，反竞争情报工作对球队情报信息的保护起到至关重要的作用，该系统应该是一种主动出击且带有谋略性质的情报信息活动[3]。

除上述研究外，通过查阅文献获知在篮球竞赛情报的其他方面研究上还涉及对该领域相关从业人员情况的调查，如秦超在《CBA 球队视频分析人员现状调查研究》一文中从 CBA（中国男子篮球职业联赛）球队视频分析软件的引进情况、视频分析人员的基本情况、视频分析人员的工作内容、工作流程、工作负荷、工作满意状况及工作能力这 7 个方面分析了 CBA 球队视频分析人员的现状[4]；还有对运动表现分析软件的研究，如杨鸣在《运动表现分析技术在篮球运动中的应用与发展研究》中，对 Sportscode（技战术分析软件）、Cronus（运动员管理软件）、Trak Performance（运动员训练跟踪软件）等几款主要软件进行了介绍[5]。此外，篮球竞赛情报领域更多地是在技术统计与分析层面的研究。以技术指标研究为例，通过梳理文献资料得知目前我国篮球技术统计指标仍是以常规技术指标（如得分、命中率、篮板球、抢断、助攻、封盖、犯规、失误）为主。以球员在比赛中的位置入手，目前，评价各

〔1〕 张宏伟. 中国篮球情报信息系统建设及初步应用开发的研究［D］. 首都体育学院，2005：27.

〔2〕 于江杨. 篮球竞赛训练情报系统构建的理论研究［D］. 东北师范大学，2006：19.

〔3〕 张岩. 我国篮球情报信息系统构建的理论研究［D］. 东北师范大学，2011：37.

〔4〕 秦超. CBA 球队视频分析人员现状调查研究［D］. 首都体育学院，2013：33.

〔5〕 杨鸣. 运动表现分析技术在篮球运动中的应用与发展研究［D］. 北京体育大学，2014：41－42.

个位置球员技术能力的指标主要如图2所示。由此可见，我国专家学者在篮球竞赛情报领域涉及的方面为竞技参赛准备过程中的信息募集与处理、篮球信息情报系统构建（但此类文章仅是对信息情报系统进行简单的堆砌，缺乏科学性），或者涉及如对某一职业的调查、某一软件的介绍、某比赛的技战术分析、数据分析等微观层面的研究。因此，本研究认为该领域缺乏整体视角的理论性研究。

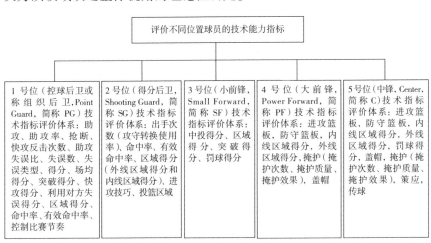

图2　评价不同位置球员的技术能力指标

注：引自北京体育大学篮球教研室毕仲春教授之作。

2.2　国外篮球竞赛情报研究现状

国外篮球竞赛情报研究多是围绕职业篮球实践而展开的，篮球数据分析专家、球探、录像剪辑师等提供的分析性情报产品是教练团队做出判断与决策的重要依据。该领域从业者主要是以经验判断和量化研究相结合的方式进行情报分析，其中，经验判断是指篮球素养、篮球造诣（或称篮球哲学），属于质化分析范畴；量化研究是指数据分析，尤其是随着大数据时代的到来，数据分析已成为情报分析的重要工具。与国内相比，国外更看重定量研究，认为"数字不会撒谎"。下面分别梳理出国外著名篮球数据分析网站、人物、专著、公司的基本情况，以此勾勒出国外该领域的发展现状。同时，我国在该领域与国外的差距就可一目了然。

2.2.1　篮球数据分析资源

著名篮球数据分析网站资源见表1。

表1　著名篮球数据分析网站资源一览表

网站	介绍
http：//stats. nba. com/	NBA（美国职业篮球联赛，National Basketball Association）官方数据统计网站，可以让用户通过该网站对比赛进行数据分析，也可以查询1946年联盟成立以来的所有历史数据
http：//www. basketball - reference. com/	该网站以历史数据为主（1986年之后），另加一些WS（胜利贡献值）、OWS（进攻胜利贡献值）、DWS（防守胜利贡献值）等数据，还可以查询PER（霍林格效率值）
http：//www. 82games. com/	大名鼎鼎的数据分析网站，所记录的数据很有自己的特色，每一项基本数据都有具体的细分
http：//apbr. org/metrics/	著名篮球研究论坛，有许多知名篮球数据分析人士和篮球爱好者在该论坛发表观点和文章
http：//www. basketballpros- pectus. com/	提供关于NBA和NCAA（全国大学体育协会，National Collegiate Athletic Association）篮球前沿分析
http：//knickerblogger. net/	提供历史数据和实时数据，其中包括迪恩·奥利弗（Dean Oliver）和约翰·霍林格（John Hollinger）类型的指标数据[1]
http：//www. dougstats. com/	该网站不仅实时更新数据，而且为了方便研究者处理数据，支持将选中数据直接转移到Excel软件中
http：//popcornmachine. net/	用户可以通过该网站查询每一场比赛球员在上场时间的细节数据，如每分钟分析（minute - by - minute analyses）[2]
http：//www. stats. com/	美国Stats公司提供NBA球队的SportVU追踪数据报告
http：//www. databasebasket- ball. com/	一个提供历史数据的网站，可以以文件形式下载所需要的统计数据

---

〔1〕　APBRMETRICS CENTRAL〔EB/OL〕.（2007 - 11 - 1）〔2015 - 09 - 19〕. http：//www. sonicscentral. com/statsite. html.

〔2〕　APBRMETRICS CENTRAL〔EB/OL〕.（2007 - 11 - 1）〔2015 - 09 - 19〕. http：//www. sonicscentral. com/statsite. html.

网站	介绍
http：//basketball. realgm. com/	一个非常全面的篮球网站，可以查询到 NBA、NCAA、D－League（美国篮球协会发展联盟，NBA Development League）、国际篮联以及高中联赛的数据、新闻、论坛等信息
http：//hoopdata. com/default. aspx	除了基本数据之外加入了诸如被盖率、加罚率以及距离分析之类的详细数据。若将 82games 网站和 hoopdata 网站组合起来看，便囊括了一个球员所有的细节数据
http：//hoopshype. com/	该网站在记录球员历年薪金状况和经纪人薪水方面有自己的特色
http：//nyloncalculus. com/	与 82games 网站相比，该网站属于新派网站的代表，其发展大有取代前者之势
https：//synergysports. com/	美国协同公司（Synergy Sports Technology）提供深度统计数据和攻防回合视频，可将数据和视频结合起来分析
http：//www. espn. com/nba/	著名体育媒体 ESPN 官方网站，在 NBA 模块中有篮球专家分析与评论文章，还可查询低阶、高阶数据（如著名篮球数据分析专家约翰·霍林格还有自己的专栏，并能直接查询霍林格效率值）
http：//basketballvalue. com/	该网站有着丰富的统计指标与数据，其中包括修正后的"净胜/负"值、对每支球队的最佳五人组合和选秀球员的评估等

资料来源：本研究整理。

2.2.2　篮球数据分析专家

著名篮球数据分析专家见表2。

表2　著名篮球数据分析专家一览表

人物	主要贡献
罗兰·比奇（Roland Beech）	2002 年创办了 82games 网站，为球迷和专业人士提供了之前从未见过的数据（如关键时刻的数值、投篮区域、阵容数据），通过 82games 网站提供的信息可以使用户对哪套阵容好哪套阵容差一目了然
鲍勃·贝洛蒂（Bob Bellotti）	服务于华盛顿奇才队，提出了评分创建系统（Points Created System）

人物	主要贡献
戴夫·贝里 （Dave Berri）	体育经济学教授，著有 *The Wages of Wins：Taking Measure of the Many Myths in Modern Sport*，该书分析了诸如支付工资总额与 NBA 获胜次数的关系、攻防效率的研究等[1]
凯文·布鲁姆 （Kevin Broom）	realgm 网站的高级写手，其研究的主要方向为如何合理评估那些由于上场时间有限从而比赛数据不佳的球员
鲍勃·查金 （Bob Chaikin）	开发了统计分析的篮球模拟软件程序——作为 NBA 球队、球员的评估的诊断工具（也可以应用于 NCAA 球队和 NBA 发展联盟球队之中），即可以在短时间内模拟数百场比赛、评估出不同阵容组合对比赛的影响
戴夫·海伦 （Dave Heeren）	USA Today 专栏作家，著有 *Basketball Abstract* 系列丛书，这一系列丛书都是基于球员评估交易系统"TENDEX"完成的
约翰·霍林格 （John Hollinger）	通过提出 PER（霍林格效率值）而被大家所熟悉。他还建立了自己的篮球网站 Alleyoop.com，撰写了篮球数据分析经典著作 *Pro Basketball Forecast/Prospectus*。2005 年加盟 ESPN 网站，是该网站王牌数据分析师之一；2012 年孟菲斯灰熊队聘请他担任球队篮球事务运营部副总裁
迪恩·奥利弗 （Dean Oliver）	著名篮球分析专家，曾任 NBA 国王队人事主管，著有篮球数据分析的经典之作 *Basketball on Paper*，他提出的篮球比赛制胜四要素（Four factors of Basketball Success：Shooting, Turnovers, Rebounding, Free Throws）[2]成为分析评价球员和球队的一个重要框架
丹·罗森鲍姆 （Dan Rosenbaum）	服务于克利夫兰骑士队，提出系统化调整正负值（Statistical Plus – Minus）
韦恩·温斯顿 （Wayne Winston）和杰夫·塞格瑞恩 （Jeff Sagarin）	印第安纳大学教授韦恩·温斯顿与麻省理工学院的著名体育统计学家杰夫·塞格瑞恩共同创建了"Winval"球员评价体系，该系统能够展示每套阵容的比赛效果以及对手的反应

[1] Berri D. The wages of wins：taking measure of the many myths in modern sport [M]. Stanford，CA：Stanford University Press，2007：11.

[2] Four Factors [EB/OL]. [2016 – 12 – 21]. http：//www. basketball – reference. com/about/factors. html.

人物	主要贡献
柯克·戈尔兹伯里 （Kirk Goldsberry）	他绘制的记录 70 万次投篮的热图在 2012 年麻省理工学院斯隆体育分析大会上被 Stats 公司一眼相中，其动态演示清晰流畅——任何一次投篮的技术细节以及价值都一目了然、任何一位球员在投篮进攻时的价值都能被细致量化评估，目前是各大网站主要的篮球数据可视化展示手段
丹尼尔·梅尔斯 （Daniel Myers）	提出技术统计正负值（Box Plus/Minu），是一种基于技术统计表的数据，用来评估篮球运动员水平和对球队的贡献
迈克·古德曼 （Mike Goodman）	擅长对球员的评估（尤其是他的"eWins"），通常将观点发表在 APBRmetrics 论坛或 hoopsanalyst 网站上。对季后赛数据的使用很与众不同，尤其在历史数据评估方面更是独具匠心

资料来源：本研究整理。

2.2.3 数据量化球队高管

NBA 著名数据量化球队高管（Owner/General Manager）见表 3。

表 3　NBA 著名数据量化球队高管一览表

人物	效力球队职位	介绍
达里尔·莫雷 （Daryl Morey）	休斯顿 火箭队 总经理	自 2007 年以来一直担任休斯顿火箭队总经理，他的篮球哲学无比依赖数据分析，是麻省理工学院斯隆体育分析大会的创始人之一
马克·库班 （Mark Cuban）	达拉斯 小牛队 老板	他重金邀请著名网站 82games 的创始人罗兰·比奇加入达拉斯小牛队，并在 2010—2011 年的夺冠赛季中担任球队助理教练；聘请自己的老师、印第安纳大学统计学教授韦恩·温斯顿作为球队数据分析顾问
拉·可布 （Joe Lacob）	金州 勇士队 老板	他于 2010 年收购金州勇士队，并在改造球队上坚持用数据说话而不是凭经验。通过数据分析师得知最有效的进攻是传球和准确的投篮，在这个思想的指导下，球员苦练神投技术。正因为不再按照篮球传统的战术作战，金州勇士队卖掉了那些价钱高却效率低的明星，着重培养自己看中的新人，终于在 2014—2015 年赛季中夺得了 40 多年来的首个总冠军

人物	效力球队职位	作者
帕特·莱利 （Pat Riley）	迈阿密 热火队 总经理	20世纪90年代在纽约尼克斯队担任主教练期间就特别注重收集一些冷门的数据，如干扰对方出手的次数、篮板球卡位次数、投篮角度的变化、机会球的争夺次数，以便在半场或者比赛中做出战术调整；成为总经理后更是数据分析的坚实拥护者，雇用了许多数据分析师为球队提供咨询帮助
罗伯特·佩拉 （Robert Pera）	孟菲斯 灰熊队 老板	聘请篮球数据分析泰斗约翰·霍林格为孟菲斯灰熊队篮球运营副总裁
维微克·拉纳戴夫 （Vivek Ranadive）	萨克拉门托 国王队老板	2013年收购萨克拉门托国王队后，亲自招募了大名鼎鼎的数据分析师迪恩·奥利弗为数据分析部门主管

资料来源：本研究整理。

2.2.4 篮球数据分析专著

篮球数据分析专著见表4。

表4 篮球数据分析专著一览表

序号	专著名称	作者
1	*Pro Basketball Forecast/Prospectus*	约翰·霍林格
2	*Basketball on Paper：Rules and Tools for Performance Analysis*	迪恩·奥利弗
3	*Mathletics：How Gamblers，Managers，and Sports Enthusiasts Use Mathematics in Baseball，Basketball，and Football*	韦恩·温斯顿
4	*Basketball Analytics：Objective and Efficient Strategies for Understanding How Teams Win*	克里斯托弗·贝克 （Christopher Baker）、 斯蒂芬·谢伊 （Stephen Shea）
5	*Basketball Analytics：Spatial Tracking*	斯蒂芬·谢伊
6	*Sports Analytics：A Guide for Coaches，Managers，and Other Decision Makers*	迪恩·奥利弗、 本杰明·阿拉玛 （Benjamin C. Alamar）
7	*Analytic Methods in Sports：Using Mathematics and Statistics to Understand Data from Baseball，Football，Basketball，and Other Sports*	托马斯·塞韦里尼 （Thomas A. Severini）

序号	专著名称	介绍
8	*Scorecasting*：*The Hidden Influences Behind How Sports Are Played and Games Are Won*	乔恩·沃特海姆（Jon Wertheim）、托拜厄斯·莫斯科维茨（Tobias Moskowitz）
9	*Sports Math*：*An Introductory Course in the Mathematics of Sports Science and Sports Analytics*	罗兰·明顿（Roland Minton）
10	*Analytics*：*Sports Stats & More*	马特·马里尼（Matt Marini）

资料来源：*Amazon* 网站。

2.2.5　篮球数据分析公司

篮球数据分析公司见表5。

表5　篮球数据分析公司一览表

公司名称	国家	介绍
Stats	美国	Stats 公司是美国一家老牌体育数据公司，依靠棒球数据起家的该公司如今已成为全球一流的体育技术、数据和资讯提供商，在 NBA 方面目前主要为球队提供 SportVU 追踪数据报告
Synergy Sports Technology	美国	该公司于 2008 年同 NBA 官方达成合作协议，NBA 官方向 Synergy 公司提供 20 万小时的比赛视频以及录像集锦，Synergy 公司使用 Synergy Net Editor 技术剪辑视频，将每个视频分类，同比赛数据结合在一起供 NBA 球队使用，这大幅削减了教练团队工作量
System Applications and Products（简称 SAP）	德国	NBA 于 2013 年与 SAP 公司联合发布了联盟数据网站 stats.nba.com，网站采用的分析引擎基于 SAP 提供的 Hana 内存数据库技术，能够应对大规模的并发查询、分析请求，并做出快速响应
Sharp Sports Analytics（简称 SSA）	美国	SSA 公司把对先进分析方法和对体育运动的深刻解读结合在了一起——面对优质的数据有能力进行编程分析，这种看待体育的独特视角让其能够更好地察觉趋势、选取角度，使体育爱好者及专业人士更深入地理解其关注的运动队

公司名称	国家	介绍
Second Spectrum	美国	Second Spectrum 公司的软件系统可以对不同的数据进行分析，并通过匹配的可视化工具让球员或者教练可以看到最直观的结果，从而对球员阵容和位置等战术进行调整
Sportradar	瑞士	Sportradar 公司具备数据采集技术，是一家体育大数据、体育投注数据供应商；迈克尔·乔丹（Michael Jordan）认为，Sportradar 公司将成为体育大数据的领袖
Catapult Sports	澳大利亚	该公司成立于 2006 年，专注于运动员数据分析领域，对全球范围内超过 35 个国家 750 余支顶级球队的球员进行了数据分析和相应保护，有效地提高了职业运动竞技水平
Ayasdi	美国	Ayasdi 公司是由世界著名数学专家贡纳尔·卡尔松（Gunnar Carlsson）等共同建立的数据可视化公司。它虽然并非专门的体育数据分析公司，但其经常帮助篮球项目发掘数据背后的价值

资料来源：本研究整理。

3 立论基础

3.1 系统科学理论

由贝塔朗菲（Von Bertalanffy）提出的系统科学理论，后来逐步成为关于任意系统的一般理论与方法论。系统论是研究客观现实系统共同特征、本质、原理和规律的科学，它主张从整体出发，研究系统与系统、系统与组分及系统与环境之间的普遍联系。它所概括的思想、理论、方法和工具普遍地适用于物理、生物和社会系统，同样也适用于社会、经济等各领域，并已成为认识系统、分析系统的重要理论基础[1]。

3.1.1 系统科学的基本概念

3.1.1.1 系统

贝塔朗菲认为，系统是相互作用的多元素的复合体。将其稍加精确化可以表达为：若一个对象集合中至少有两个可以区分的对象，所有对象按照可以辨认的特有方式关联在一起，则称该集合为一个系统；集合中包含的对象称为系统的组分，不需要再细分的组分称为系统的要素。

3.1.1.2 系统的结构

按照定义，系统研究最关心的是把所有元素关联起来形成统一整体的特有方式。在组分不变的情况下，往往把组分间的关联方式称为结构。当系统的元素很少、彼此差异不大时，系统可以按照单一模式整合元素；但当系统的元素数量很多、彼此差异不可忽略时，不能再按照单

---

〔1〕 苗东升. 系统科学精要［M］. 北京：中国人民大学出版社，2010：97.

一模式对元素进行整合，需要划分为不同的部分，分别按照各自的模式组织整合起来，形成若干子系统，再把这些子系统组织整合为整系统。

3.1.1.3 系统的功能

系统行为所引起的、有利于环境中某些事物乃至整个环境存续与发展的作用，称为系统的功能[1]。被作用的外部事物称为系统的功能对象，功能是系统的行为对其功能对象生存发展所做的贡献。凡是系统都具有功能，比如，发动机的功能是为车辆或飞行器提供推力，学校的功能是为社会培养人才和提供科研成果。功能概念也常用于子系统，指子系统对整系统存续发展所做的贡献。如果子系统是按照它们在整系统中的不同功能划分出来的，按照各自的功能互相关联、互相作用，共同维持系统整体的生存发展，就把功能子系统的划分及其相互关联方式称为系统的功能结构。

系统的功能由结构和环境共同决定，而非单独由结构决定[2]。系统的功能与环境有很大关系，首先是功能对象的选择，只有使用本征功能，系统才能发挥应有的功能，作为代用品使用非本征功能的系统一般无法充分发挥其功能。系统功能的发挥还需要环境提供各种适当条件、氛围，即为充分发挥系统功能需适当选择、营造、改善环境。

3.1.2 系统科学的基本原理

3.1.2.1 整体涌现性原理

整体与部分是系统科学的一对重要范畴，系统科学着眼于考察系统的整体性。若干部分按照某种方式整合成为一个系统，就会产生整体具有而部分或部分总和所没有的东西；一旦把系统分解成为组分，这些东西便不复存在。系统科学把这种整体才具有、孤立的部分及其总和不具有的特性称为整体涌现性。所有这些都是系统整体具有而部分及其总和不具有的特性，是部分被整合成系统后在整体上涌现出来的新特性，是系统科学意义上的质变。就系统自身来看，整体涌现性主要是由其组分按照系统的结构方式相互作用、相互补充、相互制约而激发出来的，是

---

〔1〕 陈禹. 系统科学与方法概论 [M]. 北京：中国人民大学出版社，2006：25.

〔2〕 毕思文，王秀利. 数字人体原型——人体系统 [J]. 中国医学影像技术，2003（2）：35–40.

一种组分间的相干效应，即结构效应。[1] 整体涌现性的通俗表述为"整体大于部分之和"，按照西蒙（A. Simon）的说法就是"已知部件的性质和它们相互作用的规律也很难把整体的性质推断出来"。整体不等于部分之和，合理的结构方式产生正的结构效应，整体将大于部分之和；不合理的结构方式产生负的结构效应，整体将小于部分之和。每个系统都表现出特有的、能与别的系统区分开来的整体涌现性。

3.1.2.2 等级层次原理

整体涌现性的另一种解释是高层次具有低层次没有的特性。层次是系统由元素整合为整体过程中的涌现等级。不同性质的涌现形成不同的层次，不同层次表现不同性质的涌现性。一般来说，低层次隶属于高层次，高层次包含或支配低层次；高层次必有低层次没有的涌现性，一旦还原为低层次，这种涌现性就不复存在。多层次是复杂系统必须具有的一种组织方式，层次结构是系统复杂性的基本来源之一。简单系统无须划分层次就可以把它的各部分有效地组织起来；复杂系统则必须按层次方式由低级到高级逐步进行整合，首先对元素整合，形成许多子系统，再对这些子系统进行整合形成较高一级的子系统，直至形成系统整体。

3.2 竞争情报理论

竞争情报是军事学、情报学、经济学和管理学等学科相互交融的产物，是情报学的重大发展和重要组成部分，是人类社会在信息化基础上向情报化和智能化方向发展的重要征兆[2]，是21世纪企业最重要的竞争工具之一[3]。

3.2.1 竞争情报的定义

目前，关于竞争情报的定义尚在研究和探讨之中，学术界还未形成

---

〔1〕 王劲松. 涌现——塑造公共政策执行初始状态的一个重要目标〔J〕. 当代财经，2003 (7): 21 - 26.

〔2〕 包昌火，李艳，王秀玲，等. 竞争情报导论〔M〕. 北京：清华大学出版社，2011: 33.

〔3〕 李书全. 竞争情报组织模式及在企业中划分的一般界限〔J〕. 科技情报开发与经济，2012，22 (11): 86 - 89.

统一的认识，但现有研究中的每一种定义都从不同角度揭示了竞争情报的本质。本研究将比较有代表性的观点进行了梳理，见表6。

表6　关于竞争情报定义具有代表性的观点

提出观点的人物或机构	竞争情报的定义
国际竞争情报的先驱者斯蒂文·德迪约（Steven Dedijer）	竞争情报既是一种过程，比简单的搜集财务和市场统计更深入一步。竞争情报又是关于竞争对手能力、薄弱环节和意图的信息。它同传统定义的"战略情报"是相似的，是一种导致行动的信息
美国匹兹堡大学商学院教授约翰·E. 普赖斯科特（John E. Prescott）	竞争情报是与外部和（或）内部环境的某些方面有关的精炼过程的信息产品
美国竞争情报从业者协会	竞争情报是一种过程，在此过程中，人们用合乎职业道德的方式收集、分析和传播有关经营环境、竞争者和组织本身的准确、具体、及时、具有前瞻性以及可付诸行动的情报
北京市竞争情报咨询服务中心	一个地区或企业为了取得市场竞争优势，对竞争环境、竞争对手进行合法的情报研究，结合本地区或企业进行量化分析对比，由此得出提高竞争力的策略和方法
暨南大学企业管理系教授、博士生导师曾忠禄	竞争情报是经过筛选、提炼和分析的，可据以采取行动的有关竞争对手和竞争环境的信息集合[1]
中国科学技术情报协会竞争情报分会原名誉理事长包昌火	竞争情报是关于竞争环境、竞争对手和竞争策略的信息和研究，它既是一种过程又是一种产品。过程，是指竞争情报的收集和分析；产品，是指由此形成的情报或策略[2]

资料来源：本研究整理。

根据上述诸定义可以看出，竞争情报的内涵主要表现在以下两个方面：①竞争情报是一种系统的、合法的研究过程，即它是采用符合法律和道德的方法收集、存储、选择、组织、分析信息的活动；②竞争情报是一种产品或服务，是关于竞争对手、竞争环境、竞争策略的高度专门化和及时的具有战略意义的经分析加工过的信息，能直接为企业的竞争战略管理服务[3]。

---

〔1〕　胡晖，邢峰. 竞争情报［M］. 北京：海洋出版社，2006：27.
〔2〕　包昌火，谢新洲. 企业竞争情报系统［M］. 北京：华夏出版社，2002：41.
〔3〕　赵蓉英. 竞争情报学［M］. 北京：科学出版社，2012：43.

3.2.2 信息、情报、竞争情报的关系

"情报"这一概念最早来源于1903年日本军医森欧翻译的《战争论》，被定义为"与我国有关的敌人和敌国的全部知识[1]"。我国"情报"一词最早出现于1915年版的《辞源》，定义为"定敌情如何，而报于上官者"，亦是军事术语，因此使其蒙上了一层神秘的色彩[2]。目前，学界虽然对情报的概念没有统一的界定，但却有一种共识：情报是指传递着的、有特定效用的知识，即它的基本属性为知识性、传递性和效用性。

情报是对使用者具有参考价值和决策意义的信息，是对信息经过一系列组织、加工、分析研究的产物。信息是客观事物（物质）的存在方式或运动状态，以及对存在方式或运动状态的直接或间接的反映。情报的来源是信息，是对信息加工的结果。离开了信息，情报就成了无本之木、无源之水。同时，情报又依赖于信息而得以传播，依赖数字符号等信息加以记录、积累、保存。

从研究内容来看，情报把研究重点放在了文献管理上，着重于对文献表征、信息系统设计和信息检索技术的研究，而忽视了对文献中所含内容的分析与研究；而竞争情报则通过情报分析与综合，提炼出对用户有用的知识，为用户的决策服务，把情报活动提升为一种高层次的智能活动，注重情报的智能性。信息、情报和竞争情报三者之间表现出了包含关系，见图3。

图3　信息、情报、竞争情报三者之间的关系

3.2.3 竞争情报系统的定义

竞争情报系统是竞争情报的主要研究领域之一。竞争情报的获取、

〔1〕 安成斌. 新闻与情报的哲学思考 [J]. 情报杂志, 2009, 28（2）：267－289.
〔2〕 许明金. 竞争对手情报的采集与分析 [M]. 海口：海南出版社, 2008.

生产与传播是通过竞争情报系统来实现的，因此竞争情报系统就成为赢得和发展竞争优势的根本保证[1]。由于竞争情报系统的可塑性、实践性较强，目前学界尚无严格统一的定义。人们从不同的角度和因素出发，给出了各自的观点和认识，见表7。

表7　有关竞争情报系统定义具有代表性的观点

代表性观点的概述	人物代表	竞争情报系统的定义
突出竞争情报流程的系统化	约翰·E.普赖斯科特	一个持续演化中的、正规和非正规化操作流程结合的企业管理子系统，它的主要功能是为企业等组织成员评估行业关键发展趋势、跟踪正在出现的非连续性变化、把握行业结构的演化以及分析现有和潜在竞争对手的能力和动向，从而协助企业保持和发展可持续的竞争优势
突出以计算机信息系统为核心	刘玉照曹君祥	竞争情报系统是指对反映企业内部和外部竞争环境要素、时间状态或变化的数据与信息进行收集、存储、处理和分析，并以恰当的形式将分析结果（情报信息）发布给战略管理人员的计算机应用系统
	陈峰	竞争情报系统是指将反映企业自身、竞争对手和企业外部环境的事件状态和变化的数据、信息、情报进行收集、存储、处理、分析，并将分析结果发布给企业高层决策人员的信息系统
	沈固朝	竞争情报系统是指企业从竞争战略的高度出发，通过充分开发和利用信息资源来提高企业竞争能力的信息系统
综合考虑多种相关因素	包昌火	竞争情报系统是以人的智力劳动为主导，以信息网络为手段，以增强企业竞争力为目标的人机结合的竞争战略决策和咨询系统
系统论的定义	曾忠禄	竞争情报系统是指为用户的需要创造情报产品的体系，它由相互联系、相互影响的功能、结构和方法组成，各组成部分有机地联系在一起，并随着外部环境的变化而动态发展
企业的"中央情报局"的观点	谢新洲等	基于竞争情报系统是在企业竞争战略管理实践中提出的新概念，它可为企业取得竞争优势提供强有力的智力支持和情报保障，因此可把CIS看作企业领导集团经营战略和竞争决策过程中的"中央情报局"

资料来源：本研究整理。

---

〔1〕　包昌火，谢新洲. 企业竞争情报系统［M］. 北京：华夏出版社，2002：46.

由上可见，竞争情报系统虽然没有明确统一的定义，但是人们对它的界定中都包含了以下特点：①竞争情报系统是一个管理系统，它是为企业经营战略管理决策服务的；②竞争情报系统是一个战略决策支持系统，它通过对企业内外部信息资源的开发和利用，为企业高层管理者制定竞争战略提供情报支持；③竞争情报系统是一个信息系统，是一个基于现代信息技术的完善的竞争情报系统；④竞争情报系统是一个人机交互系统，人的智能永远是它的核心因素；⑤竞争情报系统是一个开放的系统，输入的是信息原料，输出的是竞争情报产品，并时刻与外界保持信息交换。

3.3　竞技参赛学理论

3.3.1　竞技参赛的定义及目标

竞技参赛是指运动员在教练员的指导下参加比赛活动的行为，是运动竞赛活动的重要组成部分[1]。运动员的参赛行为服务于参赛目标的实现，因此，首先要设立科学的参赛目标。参赛目标应该包括比赛名次与竞技水平，二者虽有密切的联系，但并非等同。一般来说，名次列前者通常具有并表现了较高的竞技水平，而具有很高竞技水平的选手也理所应当会获得好名次；但在某些情况下，如没有强硬对手时，参赛者仅表现出一般的竞技水平也有可能获得一般甚至高层次比赛的优胜；而即便运动员表现了很高的竞技水平，但当竞技对手表现出更高的竞技水平时，他仍然成为不了冠军。因此，在设立参赛目标时，应依比赛性质不同而有所侧重。在运动员代表某一国家、地域或单位参赛时，首先关注比赛名次的获得；而在专门为创造纪录组织的比赛中，或在检查性、训练性的比赛中，则更加重视运动员竞技水平的表现。不同水平参赛者的具体参赛目标有所不同，有争取优胜可能的运动员把夺取金牌、奖牌定为参赛目标，实力明显薄弱的选手则要力争较好的名次，或提高个人的竞技水平。因此，可把运动员的参赛目标定位于争取理想的比赛结果，包括获得理想的名次和表现出理想的竞技水平。

〔1〕　田麦久，熊焰. 竞技参赛学［M］. 北京：人民体育出版社，2011：101 – 102.

3.3.2 竞技参赛准备

3.3.2.1 竞技参赛准备的意义

俗话说，"不打无准备之仗""知己知彼者，百战不殆；不知彼而知己，一胜一负；不知彼，不知己，每战必殆"。赛场如战场，要想打好每一仗，竞技参赛准备就显得尤为重要。一个运动员、教练员或运动队，在训练一个周期和一段时间后，进入赛前的临战状态，主要任务是做好竞技参赛准备。竞技参赛准备是实现由训练向比赛顺利过渡的专门活动或阶段。运动员平时的技战术训练、体能训练效果都要通过竞技参赛准备来整合，使运动员进入良好竞技状态。竞技参赛准备的目的是在适当时机遵循一定原则，运用各种手段，采取相应策略，针对比赛中可能发生的问题来考虑、实施和调整，帮助运动员形成最佳竞技状态，促进运动员在比赛中尽可能地发挥出训练水平，并在比赛中取得好成绩[1]。在影响比赛的诸多因素中，竞技参赛准备是教练员和运动员能够控制的因素。若能认真处理好，将会起到事半功倍的效果。竞技参赛准备充分与否对比赛结果的影响是显而易见的。从某种意义上讲，在竞技参赛准备阶段，比赛虽然还没有正式开始，但是双方的"较量"已经展开。一般认为，竞技参赛准备的内容包括信息准备（information preparation）、技术准备（technical preparation）、战术准备（tactical preparation）、体能准备（physical preparation）、心理准备（mental preparation）、物品准备（items preparation）等内容。

3.3.2.2 竞技信息的募集

3.3.2.2.1 竞技信息募集的内容

竞技信息募集首先要对自己所要收集信息的范围做一个明确界定，即要明确所要分析的是哪方面的信息：是己方的情况，还是主要竞争对手的近期活动；是比赛场地条件，还是对手技术、战术变化。只有明确范围，才能够集中有效的人力、物力和财力来进行情报的收集。若"胡子眉毛一把抓"，信息收集虽可能较全面，但却易造成主次不分。而在

---

〔1〕 田麦久，熊焰. 竞技参赛学［M］. 北京：人民体育出版社，2011：39.

信息分析中，由于信息量大且分散、不能够集中在一个点上，信息分析利用也只能停留在表层上。原则上，与比赛有关的信息要尽可能地收集，但是由于各方面条件的限制，不可能把所有的竞技信息都募集到。因此，竞技信息的募集不求面面俱到，而是力求抓大放小。通常竞技信息募集的内容有三个方面，即己方、对手和比赛环境。在实际操作中，要求"知己""知彼"和"知环境"，三个方面的信息都很重要，不能偏废任何一方。

3.3.2.2.2　竞技信息源

竞技信息源见表8。

表8　竞技信息源一览表

划分角度	竞技信息源	介绍
从信息来源的公开程度	公开的竞技信息	公开的竞技信息可以通过官方渠道、各种平面和网络媒体等方面来获取，但这些公开的竞技信息大多是一些外围信息而不会涉及核心信息
	不公开的竞技信息	不公开的竞技信息（如技术、战术变化等）在竞技信息中所占比例比较大。这些信息直接影响运动员（队）比赛过程与结果，因此对这类信息通常采取各种措施进行严格保密
从信息来源的角度	第一手竞争信息	是自己直接经过收集整理和直接经验所得。自己实地考察和观摩或通过录像分析得到的第一手信息要比听别人的或看别人的信息更可靠一些
	第二手竞技信息	是别人先前已经收集好而不是自己就手边的工作而收集的资料，一般融入了别人的观点和看法，因此准确性得不到完全的保证且时效性差，但第二手竞技信息收集起来比较容易，时间短、费用少，也有一定的参考价值
从收集的情况	基本的竞技信息	基本的竞技信息是指以往竞争对手的相关信息
	临时的竞技信息	临时的竞技信息是指有明确起始时间的对手的相关信息，如针对某次具体比赛等

3.3.2.2.3　竞技信息募集的方法

竞技信息募集方法见表9。

表9　竞技信息募集方法一览表

竞技信息募集方法	介绍
通过赛前的人际交往获取竞技信息	比赛期间通过朋友之间的交往就可能获得有价值的竞技信息。访问知情者是竞技信息募集最直接和最有效的方法之一，然而知情者通常是对手内部的人，因此很难访问到真实情况。但可以访问那些"转会"运动员、退役运动员、"下课"教练员或工作人员等
赛前观看对手比赛录像	要特别重视通过这一渠道募集信息，收集对手最近比赛的录像资料，然后在组织运动员观看的同时进行分析
调阅以往对手比赛资料	平时要注意收集、整理本项目主要对手的竞技信息，进行分析总结，并建立相应的对手档案
赛前实地观摩	利用热身赛等机会，观摩比赛的同时，身临其境地对赛场环境等信息进行了解，获取有关竞技信息
从各类媒体的新闻报道中获取有用的竞技信息	各种传媒（广播、电视、报纸和网络等）通常会在赛前对训练与比赛进行专门的采访报道，其中不乏有价值的信息，如个别队员的伤病以及对手的训练情况等

3.3.2.3　竞技信息的处理

3.3.2.3.1　竞技信息处理的种类

3.3.2.3.1.1　教练员的竞技信息处理

就参赛准备而言，教练员的竞技信息处理是赛前准备工作的重要组成部分。它从形式到内容等方面都有别于运动员的竞技信息处理。目前，在美国 NBA 球队中普遍采用比赛数据和录像分析技术。所有的 NBA 球队都有专业的技术分析录像工作人员，但每支球队里数据分析团队的规模不同。在国内，这部分的工作大多是由教练员来完成的。随着教练团队的组建、分工的细化，科研教练将承担这方面的具体工作，并将分析结果以报告的形式提交给教练组使用。中国乒乓球队的科研团队在每次大赛前的封闭集训期间都会随队开展科技服务工作，对国外主要对手进行重点研究，一般为男女各十几人，对他们的各项技术都进行分析，并根据需要对重点对手进行细致的分析，编辑成专题录像，同时给运动员做生动的讲解，使队员能清楚地了解对手技术特长、短处、习惯线路、主要战术、关键球的处理等，并制定出一套应对方案。在亚特兰大奥运会前，他们采集了 13000 多个数据、编辑整理了近 200 盘录像带，并拟就10万字左右的技术报告供教练员参考。

3.3.2.3.1.2 运动员的竞技信息处理

面对大量的竞技信息，运动员首先要与教练员及参赛团队其他组成人员加强沟通、密切协作、共同分析、确定对策，切忌自作主张、擅自采集等不适宜的行动。比赛中要克服外界因素的干扰，避免给运动员带来心理负担，应尽量减少外界干扰信息的输入。可采取信息回避的方法，如赛前让运动员尽量减少与外人接触，"不看成绩、不算成绩、不打听成绩"等。信息回避是一种有效的比赛控制技术，但是目前从理论到实践都还有许多需要进一步完善的地方，如竞技信息对运动员有何影响、哪些信息需要回避和如何回避等。

3.3.2.3.2 竞技信息处理的4项策略

北京体育大学许小冬老师深入系统地研究了参赛人员对竞技信息的处理问题，将竞技信息分为运动员自身信息、对方运动员信息、比赛结果评定信息、比赛结果与比赛情景信息、比赛条件信息和其他信息几大类（见表10），并提出了运动员竞技信息处理的4种策略：信息分拣策略、思维转化策略、目标调整策略和定向行为策略[1]（见表11）。

表10　竞技信息分类一览表

一级信息	二级信息
运动员自身	自身竞技能力、自身竞技状态、自身发挥
对方运动员	对手竞技能力、对手竞技状态、对手发挥
比赛结果评定	竞赛规则、裁判、评定手段
比赛结果与比赛情景	运动成绩、比赛情景
比赛条件	自然物质条件、社会人文条件、组织管理
其他	其他

表11　竞技信息处理策略与处理方式一览表

处理策略	处理方式
信息分拣策略	搜寻竞技信息
	创建和制造必要的竞技信息
	阻挡和回避无益的竞技信息

〔1〕 许小冬. 竞技信息及优秀选手对竞技信息的处理〔D〕. 北京体育大学，2004：21.

处理策略	处理方式
思维转化策略	异向（逆向）思维
	弱化排除思维
	泛化思维和投射思维
	"合理化"思维
	抗性思维
	创新思维
	认可和接受
	置换信息内容
	质疑和关注事实
	否认排除思维
目标调整策略	锁定新的具体目标
	锁定新的模糊目标
	目标难度调节
定向行为策略	采取具体的行动措施
	求助、协助与倾诉
	抗性行为
	转移回避

3.3.2.4　竞技参赛方案的制定

参赛方案是运动员为完成比赛任务而可能采用的行动计划。变幻莫测的比赛还是有规律可循的，因此，应根据对赛前状况的分析和对比赛条件的了解制定周密的参赛方案，尽可能多地设想一些情况和应对措施。此外，方案实施过程中应根据实际情况及时修订方案，并运用于比赛之中。同时，还要做好服装、器材设备等准备工作。通常，参赛方案主要包括 4 个方面的内容，见图 4。

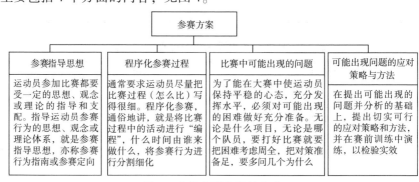

图 4　竞技参赛方案的内容

　　综上所述，赛前的竞技参赛准备非常重要。就本研究而言，篮球比赛前同样需要对从各个渠道获得的材料由表及里、去伪存真地进行分析，研究双方各自的优势，在此基础上制定出比赛方案。篮球比赛赛前的信息准备主要包括以下两个方面：①知己。"知彼难，知己更难。"教练员只有赛前全面、客观地了解分析本队情况，如运动员的身体情况、技术特长、心理状态、竞技状态、对比赛的认知程度等，才能把握本队队员的状态。在重大、关键的比赛中，对手实力较强，运动员可能会紧张、焦虑；非关键性的比赛，或对手实力较弱时，运动员可能会轻视、麻痹大意。对于这些情况，教练员应及时掌握，采取必要的防范措施。②知彼。赛前充分了解对手对于比赛胜负至关重要。教练员可以通过各种渠道了解对手，做到心中有数。首先，要了解对方教练员情况、该队在历届联赛中的表现、技战术风格、常规的战术打法、经常采用的防守战术、主要的配合方法和区域；其次，要了解近期队伍状况，包括得分、篮板球、犯规、助攻等；最后，要了解前一场的比赛情况，有多少队员可以派上场、替补队员的情况、打法特点（如强攻硬打型、技巧型）等。具体需要了解对方的情况：①队员的技术特长、习惯动作和战术配合。分析对手的战术风格类型和主要攻击区域与攻击点。如前锋队员的得分手段、攻击点等；中锋队员的类型、得分的手段、技术特点及动作习惯；后卫的习惯攻击点和助攻方式，以及主要的进攻和防守战术配合等。②教练员临场指挥特点和应变能力。对方教练员性格、习惯的指挥风格、经常采用的战术以及对暂停和换人的运用。③比赛作风和团队精神。现代篮球运动攻守对抗日趋激烈，比赛作风是否过硬，球队是否团结等，都是衡量一个球队战斗力的标准[1]。

---

〔1〕 郭永波. 篮球运动教程［M］. 北京：北京体育大学出版社，2005：61.

4 研究对象与方法

4.1 研究对象

所谓"系统",是将所关心的问题从千丝万缕互相联系的事物中孤立出来作为研究对象的一部分事物[1]。依据系统论的观点,本研究是将服务于高水平篮球运动队的竞赛情报工作孤立出来作为研究对象进行系统构建的研究。

4.2 研究方法

4.2.1 文献资料法

根据研究目的需要,本研究通过中英文学术论文数据库(如中国知网、谷歌学术、百度学术、Web of Science、Scopus 和 EBSCO),国外电子资料下载网站(如 stats. nba. com、basketball - reference. com、82games. com、nyloncalculus. com、stats. com)和图书馆等途径收集了竞争情报、体育情报、体育竞争情报和篮球竞赛情报等领域的相关期刊、学位论文和专著等资料,这为本研究提供了重要的理论基础和研究的技术方法,从而构建出了本研究所依托的基本框架。

4.2.2 专家访谈法

在论文的整体设计、相关调查的展开与关键问题的分析之中,得到了诸多专家学者的悉心指导与无私帮助,从而保证了本研究的顺利进

---

〔1〕 陈贤,段明秀. 大学生心理健康测试系统架构 [J]. 科技视界,2015 (4):50 - 51.

行。具体访谈情况如下：①在竞争情报理论与竞技篮球竞赛情报工作的适用性问题上，函询了中国科学技术情报学会竞争情报分会秘书处相关专家。②在国外体育情报的研究上，咨询了马德里理工大学体育学院副院长米格尔·鲁亚诺（Miguel Ruano），以及运动表现分析专业博士生崔一雄，从而得知国外在该领域主要有两大流派：欧洲的"sports performance analysis"（运动表现分析）和北美的"sports analytics"（运动分析），并详细请教了 sports performance analysis 的发展现状等问题。③在 sports analytics 的相关问题上，对美国 Stats 公司的数据科学家邸明阳博士（曾在迪士尼旗下的 ESPN 工作过）进行了深度访谈，主要问题包括 Sports Analytics 的发展现状、Stats 公司及其主打产品 SportVU 系统的运营情况等。获知 Stats 公司只提供高阶数据已不能让 NBA 各球队满意，于是该公司尝试数据和数据分析的双轨服务模式；此外，其科研人员还在研发一款新型智能化的篮球技战术搜索引擎，这也是我国可借鉴之处（国内搜索引擎只涉及低阶技术数据，球队战术则为空白）。此外，笔者于 2015 年暑假赴美国纽约参观纽约尼克斯队主场馆麦迪逊广场花园（Madison Square Garden）时认真观察了球馆上空悬挂着的 6 个移动式超高清摄像头，并向场地工作人员询问了 SportVU 系统的情况。④在我国篮球竞赛情报工作现状的问题上，访谈了 2015 年长沙亚洲男子篮球锦标赛中服务于中国男篮的科研团队之一的武汉体育学院视频分析团队相关人员。除上述专家赐教外，笔者还在参加第 6 届中国体育博士高层论坛时，请钟秉枢、张小平二位老师为本研究提出了建设性意见。另有一些不方便透露姓名的专家、学者同样给予了笔者很大帮助。

4.2.3 历史分析法

历史分析法就是对研究对象的历史资料进行科学分析，说明它在历史上是怎样发生又是怎样发展到现在的。若离开对调查对象的历史分析，研究就缺少了历史感，而没有历史深度的表述和结论都是不彻底的。[1] 故而笔者查阅了从 20 世纪 40 年代末至今的关于体育情报的文献资料，梳理出了国内外体育情报的发展历程。但历史的资料往往是粗精混杂的，所以在研究过程中运用逻辑思辨的力量从个别和一般、必然性

[1] 闫温乐. 世界银行教育援助研究：特征、成因与影响 [D]. 华东师范大学，2012：64.

和偶然性等范畴以及对立统一、否定之否定等规律来加以解释，找出其中一般的、带有规律性的东西。

4.2.4 德尔菲法

本研究请专家对篮球竞争情报收集内容指标进行两轮遴选，之后进行一致性检验，删除不能较好反映测量体系的指标，保留专家认可的指标。采用德尔菲法构建篮球竞争情报收集内容指标体系的流程见图5。考虑到被调查者对"篮球竞争情报"一词的认识程度不同，遂将问卷中的该词替换成同义词"篮球竞赛情报"（《篮球竞赛情报收集内容指标体系专家征询问卷》见附录1至附录4）。

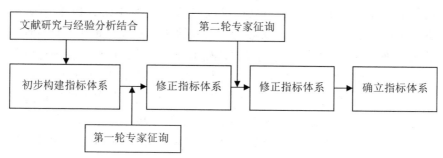

图5 利用德尔菲法遴选篮球竞争情报收集内容指标体系的流程

4.2.5 问卷调查法

4.2.5.1 问卷调查的目的与途径

问卷调查的目的是了解目前我国篮球竞赛情报工作的信息收集渠道和方法、情报分析工具及服务形式的基本情况，以分析本研究篮球竞争情报收集、分析、服务子系统中的组成部分，即篮球竞争情报收集子系统的组成部分——收集渠道和收集方法，篮球竞争情报分析子系统的组成部分——分析工具，篮球竞争情报服务子系统的组成部分——服务形式的情况。本次调查的对象为国内从事篮球竞赛情报工作又称篮球科研工作（主要包括视频分析、技战术分析、球探、数据分析等工作，后文会详尽阐述）的人员。与专家探讨得知，目前，国内在该领域发展较好的为中国国家篮球队和CBA球队，而NBL（全国男子篮球联赛，National Basketball League）、WCBA（中国女子篮球甲级联赛，Women's

Chinese Basketball Association）及国青、国奥等球队的篮球科研工作由于经费限制、专业人才匮乏等因素远不及上述两者。而本研究的初衷正是选取优秀要素构建系统，故欲征询国内优秀从业者的观点。所以本研究采用非概率抽样的方法向服务中国男篮和CBA球队的篮球科研工作者发放问卷。需要阐明的是：据中国女篮的随队翻译人员讲述，中国女篮主要由主教练马赫及其妻子罗宾、前澳大利亚女篮国手米歇尔三人组成的情报分析团队完成竞赛情报分析工作，而这并非反映的是国内篮球竞赛情报现状，所以并未选其作为调查对象。本次调查问卷的发放途径主要为笔者在多年学习和工作中形成的人际网络。

4.2.5.2 问卷设计

笔者在参考大量文献并咨询相关专家后设计出《我国篮球竞赛情报工作现状调查问卷》，涉及篮球竞赛情报收集渠道、收集方法、分析工具、服务形式4方面32道题项。之后在体育教育训练学篮球方向部分教师和研究生中进行预调查，并咨询有关专家的意见后对问卷内容进行了修正，最终形成了正式问卷（量表见附录5）。正式问卷为封闭式结构，每个题项采用李克特（Likert Scale）5级量表进行评定，答案设置"非常多""比较多""一般""较少""很少"5种回答，分别按5、4、3、2、1分计分，要求调查对象就各个题项与日常行为的符合程度做出判断；考虑到被调查者对"篮球竞争情报"一词的认识程度不同，遂将问卷中的该词替换成近义词"篮球竞赛情报"，并对"收集渠道""服务形式"加以解释以帮助其顺利理解后作答。

4.2.5.3 问卷发放与回收

本调查的具体问卷发放对象为在2015年长沙亚洲男子篮球锦标赛中帮助中国男篮重夺亚洲冠军的幕后功臣——服务于中国男篮的科研团队（武汉体育学院视频分析团队）的科研工作人员；CBA球队（四川金强蓝鲸篮球俱乐部球队、新疆广汇篮球俱乐部球队、南京同曦篮球俱乐部球队、北京控股篮球俱乐部球队、福建SBS浔兴篮球俱乐部球队、江苏龙肯帝亚篮球俱乐部球队、佛山龙狮篮球俱乐部球队）的科研工作人员。共发放问卷30份，回收问卷30份，回收率为100%；有效问卷30份，有效回收率100%（样本的基本情况见表12）。

表12   篮球科研工作人员基本信息统计表（N=30）

属性	类别	数量	百分比
年龄	25 岁以下	17	56.67%
	25～30 岁	8	26.67%
	30 岁以上	5	16.67%
教育程度	大专及在读	0	0
	本科及在读	11	36.67%
	硕士及在读	16	53.33%
	博士及在读	3	10%
工作年限	1 年及以下	4	13.33%
	2～3 年	15	50%
	4～5 年	6	20%
	6～10 年	4	13.33%
	10 年以上	1	3.33%

4.2.5.4   问卷的信效度检验

信度检验采用计算克朗巴哈系数（Crobach's α）的方法，以 0.7 为检测阈值来检验问卷的内部一致性，结果为 0.791，表明内部一致性程度较高、问卷信度较好；效度检验则请 10 位专家（7 位教授、3 位副教授）进行评定，得出内容效度指数（Content Validity Index）为 0.752，表明问卷具有有效性。

4.2.6   数理统计法

对回收的《篮球竞赛情报收集内容指标体系专家征询问卷》《我国篮球竞赛情报工作现状调查问卷》等的数据运用 SPSS 22.0 软件进行整理、统计和分析。

5 分析与讨论

5.1 国内外体育情报的发展历程

本研究对国内外体育情报发展历程进行了阶段划分，揭示了各时期的发展任务和特点，并对各个时期的主要成果进行了梳理和评价，力求通过历史分析论述体育情报的发展趋势，从而明确本研究的必要性，为后续展开篮球竞争情报系统研究奠定基础。

5.1.1 国外体育情报的发展历程

本研究将国外体育情报的演进历程划分成三个阶段：第一阶段为先驱阶段，即体育情报学概念被明确提出之前（20 世纪 40 年代末至 70 年代中期）；第二阶段为传统体育情报阶段（20 世纪 70 年代末至 90 年代中期）；第三阶段为现代体育情报阶段，即体育竞争情报的崛起阶段（20 世纪 90 年代末至今）。

5.1.1.1 先驱阶段（20 世纪 40 年代末至 70 年代中期）

5.1.1.1.1 体育情报工作的产生背景

国外体育情报工作始于 20 世纪 40 年代末 50 年代初。第二次世界大战结束之后，各国纷纷从战争思维中解脱出来，开始致力于社会物质生活的改善和人民文化素质的提高。在这样的大环境之下，体育运动蓬勃兴起，人们的体育意识逐渐觉醒，国家之间的体育交往日益频繁，体育成为社会文化和精神文明建设中不可或缺的组成部分。

体育文献的数量也随着体育在社会生活中的地位日益重要而迅速增多。对体育的重视促使人们迫切需要准确、及时、有效地获取体育方面有用的新知识，但这种需求却无法在体育自身领域的技术条件下得到满足。此时，科学情报工作在科技不断进步的情况下得以在其他学科领域中被广泛应用，于是人们借助于快速发展的科学情报工作，将其应用于体育文献资料的加工上，产生了系统化、有组织的体育文献加工工作。

5.1.1.1.2 体育情报工作的初级形式——体育文献工作

1948年，体育情报工作以体育书刊目录及文摘等体育文献加工结果的形式诞生，是在奥地利格拉茨大学（University of Graz）体育学院院长约瑟夫·雷克拉教授（Josef Recla）的带领下，采用全新的论文编汇及传播方法对体育文献资料进行加工，并得到了国际相关领域专家的高度评价和广泛认可。这些方法是：①对论文进行分类、编制目录和摘要等二次文献加工；②召开学术会议，根据会议主题提交论文；③举办体育论文集展览。

鉴于体育情报在了解国际体育发展动态、丰富知识、提高工作效率等方面作用显著，各国对它的重视日益提高，于是系统开展体育情报工作的机构相继在各国出现，并且各机构以自己的方式进行论文编汇工作，如1955年莱比锡体育学院的卡片式体育文献检索工具、1958年比利时学者丁·法利兹牵头出版的世界上第一本体育文摘刊物《分析评论》等。这些相继出现的机构大致可分成两种类型：一种是建立分散于全国各地的体育情报组织，形成"多中心"态势，主要由体育院校的图书馆根据需要建成，如美国、日本以及大多数资本主义国家和发展中国家皆属于此类型；另一种则是建立全国唯一的体育情报中心，形成集中的研究和管理模式，如苏联、古巴等。但无论是上述哪种类型，它们的主要任务都是收集和编制体育文献资料并以出版文摘和检索性刊物等形式传播出去。以古巴为例，该国体育情报中心拥有80余名员工，工作内容主要是收集世界各地体育情报，如各国科研动态、训练计划、运动成绩和纪录等，对所获情报信息进行编制后再以多种形式提供给用户；收集途径是以建立广泛的国际交流为主，为此专门出版了三种体育刊物用于国际交换；在收集大量国际体育刊物的基础上，编辑各国优秀运动员的资料档案、统计优秀运动员的技术进展等。

5.1.1.1.3 国际组织的成立——国际体育情报联合会

建立国际性体育情报联盟的呼声随着体育文献交流量和需求量的增加越来越高，于是由约瑟夫·雷克拉教授、丁·法利兹教授和莱比锡体育学院图书馆馆长瓦尔德·阿诺尔德博士（Walther Arnold）等在1960

年罗马奥运会期间发起成立了史上首个国际性的体育文献情报工作组织——国际体育文献情报局，隶属于联合国教科文组织，由瓦尔德·阿诺尔德担任首任主席。自此，国际体育文献情报局举办了一系列研讨会议、知识讲座、专业培训等，深入探讨了体育文献情报工作的新观点和方法，内容涉及检索工具的开发和使用、文献的编制、自动化情报处理技术等方面，从而有力地推动了体育文献情报工作在世界范围的迅速发展。

鉴于国际体育情报工作的迅速发展，在瓦尔德·阿诺尔德主席的带领下，国际体育文献情报局于 1974 年的国际体育文献情报局执行委员会扩大会议上更名为"国际体育情报联合会"（International Association for Sports Information，IASI），下设有 8 个委员会，分别是体育词表、名词术语、分类、情报、情报手段、文献数据资料、体育图书馆及情报人员培养，共有 30 多个国家的 170 多名个人会员和为数不多的集体会员加入该组织。从此，国际体育情报学术交流活动更加广泛地开展起来，国际体育情报工作迅速向多边合作拓展。

综上所述，先驱阶段的主要成果及特征包括以下四个方面：①最初在奥地利、比利时等国以体育书刊目录及文摘形式出现的体育情报随后成为体育实践中不可或缺的组成部分；②各国相继成立了体育情报中心，这些机构有的派生于体育院校的图书馆，有的由政府机构或单项体育协会根据需要建成，主要任务是收集和编制体育文献资料并以出版文摘和检索性刊物等形式传播出去；③国际体育情报联合会的建立有力地推动了体育情报工作的国际化发展；④体育情报工作逐步走向科学化，在视听技术、自动化情报处理等技术方面有了进展。虽然先驱阶段取得了上述成绩，但从总体来讲，此阶段的体育情报理论既不系统也不完整，实践应用水平也不高，可见这是必须要经历的积累性阶段。

5.1.1.2 传统体育情报阶段（20 世纪 70 年代末至 90 年代中期）

5.1.1.2.1 **体育情报学概念的提出**

20 世纪 70 年代以来，体育情报工作者借助快速发展的计算机技术和远程通信技术等现代科技手段加快了体育情报工作的发展脚步。1977年，奥地利格拉茨大学体育学院院长约瑟夫·雷克拉教授在国际体育情报联合会第六届代表大会上提出："体育情报学是指深入研究和提供创造性体育情报的科学，从属于体育科学。具体来讲，它是体育文献（如文字文献、数据文献、信息载体文献及声像文献等）和体育情报领域里全部工作的上限概念。"体育情报学概念的出现标志着体育情报工作开始上升到一定理论高度。1985 年，时任国际体育情报联合会主席的挪威体育学院（The Norwegian University of Sport and Physical Education）教授奥尔森（A. M. Olson）于国际体育情报联合会第八届代表大会暨第二届世界体育情报大会上指出，尽管由约瑟夫·雷克拉教授于 1977年提出的体育情报学概念到目前为止并未得到广泛认可，但未来的体育情报学是体育科学分支的主要依据为：体育科学若是能对体育实践产生影响，那一定是因为科研成果是有影响的。因此，科研成果的信息（情报）应当与科研成果本身一样重要，换句话说，信息研究及其对体育的影响效果会与其他影响运动成绩的因素同样重要，或许与体育研究本身一样重要[1]。

也有学者对体育情报学概念持否定态度，如日本学者远藤卓郎教授于《日本的体育情报工作》一文中提到，体育情报还达不到"学"的程度，他指出：①体育情报若发展成"学"必须具备独自的研究领域和研究方法；②体育情报学的科研成果还没有具备发现新事物、揭示新事物规律的能力，目前的成果充其量也就属于情报学、图书馆学的范畴。又如，德国学者盖尔·埃布（Gail Ebner）教授和基茨（Kitts）教授在《体育科学和体育运动领域科学情报之间的关系》一文中说道："科学情报是借助物质载体纳入社会交流过程中的科学知识，体育情报可归为科学情报之中。"[2]由此可见，尽管很多专家学者努力构建着体育情报学自身的理论体系，但在另一些学者看来，体育情报学这一概念并不能经得起推敲。

5.1.1.2.2 体育信息研究的兴起

在学术界尚未给予体育情报学一致认可的情况下，20 世纪 80 年代末蓬勃发展的以信息化为主要特征的知识经济掀起了"信息"与"情报"之争，将情报学推入进退维谷之地，甚至有学者用"一场历史误

〔1〕 马铁. 第八届国际体育情报大会学术与工作动态 [J]. 体育科学，1986（2）：76 – 78，95.

〔2〕 刘成. 体育竞争情报及其对我国竞技体育核心竞争力的影响研究 [D]. 上海体育学院，2010：31.

会"来形容情报学的建立。所以在围绕情报学去留的问题上，学界展开了一场大辩论，即著名的"世纪之争"。与此同时，受情报界大环境的影响，体育情报也同样遭遇了生存危机。这一时期的几届国际体育情报联合会代表大会上皆以讨论体育信息与体育情报的各种问题为主。其中，费林波夫（C. C. Feilinbofu）教授于会议之后在自己的文章《体育领域内信息保证的几个理论问题》中写道："应从比体育情报概念更宽泛的体育信息视角对信息保证的一些理论问题进行阐述。"圣彼得堡国立体育学院（St. Petersburg State Institute of Physical Education）尼·波诺马廖夫（Nepal Ponomarev）在《体育信息化的问题与前景》一文中指出：体育信息化的最重要问题是发展能够提供新知识的体育科学，人们所获资料不应该只是存放在图书馆、信息部门的书库中以及实验室的书架上，应该将所有信息转化为每一个专家、每一个公民以及国外需求者便于了解掌握的信息产品。这与奥尔森教授在1986年《体育情报的发展及其与体育科学的合作》一文中提过的观点相似。这也为日后体育竞争情报的出现奠定了基础。

此外，在体育情报应用方面，国外体育情报工作在这一时期发展迅速。但从总体来讲，其主要集中于实用性研究，对理论研究重视不够。有学者把此时期的整个体育情报工作比作一个三角形：文献是情报工作的基础，研究是情报工作的中心环节或高级形式，检索是查找文献的钥匙、通向研究的阶梯，三者缺一不可[1]，见图6。体育情报应用研究也是顺应着上述模式发展起来的，即将"文献—检索—研究"中获得的"研究"（研究成果，即体育情报）运用于实践。随着体育运动训练方法和手段方面的差异日益减小，国际赛事中谁能更准确全面地掌握对手情报谁就有更大的获胜可能，也就是说，根据上述模式生产出体育情报并进行针对性训练才能多一分胜算。于是，各体育强国无不把体育情报摆在重要位置，并借助科技手段编辑和传播体育情报。例如，日本为备战东京奥运会，派出了900余人前往罗马奥运会收集各国各项目的情报；中国女子垒球队出访美国前夕，美国驻华大使馆邀请中国女子垒球队与使馆工作人员进行友谊赛，美使馆借此做了全场录像；又如，一次我国于太原举办全国少年乒乓球比赛，日本乒乓球协会派3名摄像人员

---

〔1〕 蔡俊五. 发展中的体育情报学 ［J］. 体育科学，1982（4）：85－91.

从不同角度拍摄我国后备力量，甚至连握拍法和球拍都不放过；再比如，20 世纪 70 年代末期，为改变在国际排坛上长期落后的局面，美国排球界于世界各地建立了庞大而系统的情报网，广泛关注与收集各排球强国技战术动态，利用计算机等设备分析研究所获资料、制定相应策略以进行针对性训练，使美国男、女排在短时间内双双跃入了世界领先行列。

图6　整个情报工作图

　　总而言之，传统体育情报阶段的主要成果及特征包括：①文献工作多样化；②检索电脑化，存储缩微化；③国际合作深入化；④自身基本建设初始化。国际体育情报工作进展很快，但其研究主要集中于文献检索系统的研制和使用、文献定量化和自动化建设等文献管理工作上，不重视理论研究，从而导致了体育情报工作与传统图书馆学及文献工作的区别不明显，情报学和图书馆学之间的界限越来越模糊。

5.1.1.3　现代体育情报阶段（20 世纪 90 年代末至今）

　　经过"信息"与"情报"10 余年的大辩论，这场风波逐渐平息，其结果就是情报学成为信息科学中一门独立的子学科。解决了生存危机后，情报学如何发展和定位成为关键问题。现代竞争情报是情报学的重要发展，始于 20 世纪 50 年代、崛起于 20 世纪 80 年代；它是一种过程，在此过程中人们用合乎职业道德的方式收集、分析和传播有关竞争环境、竞争者和组织本身的准确、及时、可付诸行动的情报[1]；它的出现使情报学有了突破困境的出路。竞争情报的出现使体育界大受启发，于是体育情报也朝着竞争情报的方向发展，并逐渐成为竞技体育中

　　〔1〕　Bergeron P，Hiller C A．Competitive intelligence［J］．Annual Review of Information Science and Technology，2002，36（1）：353－390．

不可或缺的组成部分。发展至今，虽并未明确提出体育竞争情报的概念，但其围绕竞技体育展开的实用性情报分析活动与竞争情报的本质相吻合，且主要以数据分析为工具。这也印证了美国竞争情报从业者协会主办的杂志 *Competitive Intelligence* 在 2012 年的一期文章《竞争情报十大趋势》中提到的"将数据分析纳入竞争情报主要工具"[1]的言论。

5.1.1.3.1 运动表现分析——sports performance analysis

运动表现分析是指对运动员和（或）运动队在实际体育比赛和训练中以及对普通人群在身体锻炼中表现的直接探析，而非从实验室测量、问卷、访谈等自我评价的角度来探析[2]；最初名为"运动计数分析（notational analysis of sports）"，是指对体育比赛中的关键事件、行为和技战术变量进行记录[3][4]，始于 20 世纪 20 年代并于 90 年代进入高速发展期。1991 年，第一届世界运动计数分析大会（World Congress of Notational Analysis of Sport）在英国举行；同年，国际运动计数分析协会（International Society of Notational Analysis of Sport）成立。两年一届的世界运动计数分析大会对其推广与发展起到了重要作用，许多欧洲和北美的高校和研究所在这一期间开始设置相关专业[5]。在最初几届大会中，运动计数分析更名为运动表现分析（Sport Performance Analysis）[6]，世界运动计数分析大会和国际运动计数分析协会也相继更名为世界运动表现分析协会（World Congress of Performance Analysis of Sport）和国际运动表现分析协会（International Society of Performance Analysis of Sport）。2013 年，国际运动表现分析协会推出了 5 级运动表现分析资历认证标准（见表 13、表 14），为该领域从业资格划分提供了依据，从而完善了人才培养机制。

〔1〕 缪其浩. 体育与情报 [J]. 竞争情报，2008（2）：1.

〔2〕 O'Donoghue P. Research methods for sports performance analysis [M]. London：Routledge，2009：37.

〔3〕 Hughes M，Franks I. Notational analysis of sport [M]. London：Routledge，1997：11.

〔4〕 Hodgson J. Mastering movement：the life and work of Rudolf Laban [M]. London：Psychology Press，2001：55.

〔5〕 McGarry T，O'Donoghue P，Sampaio J. Handbook of sports performance analysis [M]. London：Routledge，2013：61.

〔6〕 McGarry T，O'Donoghue P，Sampaio J. Handbook of sports performance analysis [M]. London：Routledge，2013：37.

表13　学术科研路径

等级	申请资格	授予头衔
一级证书	本科生	从业资格（practitioner）
二级证书	硕士研究生 本科毕业实习生	俱乐部资格（club）
三级证书	博士研究生	研究者（research）
四级证书	讲师	学者（academic）
五级证书	专家教授	专家学者（academic Expert）

注：引自国际运动表现分析协会的认证指南（Accreditation Guidance Notes）。

表14　实践运用路径

等级	申请资格	授予头衔
一级证书	视频编辑、剪切、数据收集、分类等实践工作者	实践者资格（practitioner）
二级证书	俱乐部教练助手	俱乐部实践者（club）
三级证书	专业体育机构正式雇佣的表现分析师	高水平运动分析师（elite analysis）
四级证书	国际水平运动员或运动队的表现分析师	国际水平运动分析师（international）
五级证书	专业体育机构表现分析负责人	世界水平运动分析师（world class）

注：引自国际运动表现分析协会的认证指南（Accreditation Guidance Notes）。

5.1.1.3.1.1　运动表现分析领域的主要教材

作为运动表现分析的先驱研究者，英国学者麦克·休斯（Mike Hughes）和加拿大学者伊恩·弗兰克斯（Ian Franks）编著了该领域早期最主要的教材：《运动计数分析》（*Notational Analysis of Sport*）和《表现分析精要：概论》（*The Essentials of Performance Analysis：An Introduction*）。英国学者皮特·多诺霍（Peter O'Donoghue）是运动表现分析领域最活跃的顶级专家之一，其主编的三本专著《运动表现分析的研究方法》（*Research Methods for Sports Performance Analysis*）、《运动表现分析手册》（*Handbook of Sports Performance Analysis*）和《运动表现分析概论》（*An Introduction to Performance Analysis of Sport*）广受好评，并被运用到高校的教学科研中。其中，《运动表现分析手册》的各个章节由目前在运动表现分析领域知名的各国学者完成，涉及运动表现行为的理论基础、运动表现分析中的测量与评价、运动表现分析研究在职业体育中的应用，介绍了当下比较新颖的研究视角，介绍了运动表现分析在各个比赛项目中的运用情况，可以说该书是运动表现分析的集大成者[1]。体育表现分析领域的主要教材见表15。

表15　体育表现分析领域的主要教材

序号	专著名称	作者	出版年份	出版社	被引用次数
1	*Notational Analysis of Sport: Systems for Better Coaching and Performance in Sport*	伊恩·弗兰克斯，麦克·休斯	第1版 1997 第2版 2004	Routledge	680（第2版）
2	*The Essentials of Performance Analysis: An Introduction*	麦克·休斯，伊恩·弗兰克斯	2007	Routledge	140
3	*Research Methods for Sports Performance Analysis*	皮特·多诺霍	2009	Routledge	212
4	*Routledge Handbook of Sports Performance Analysis*	提姆·麦加里（Tim McGarry），皮特·多诺霍，杰米·桑帕约（Jaime Sampaio）	2015	Routledge	28
5	*An Introduction to Performance Analysis of Sport*	皮特·多诺霍	2014	Routledge	19

注：数据源于谷歌图书（Google Books）；被引用次数来自谷歌学术（Google Scholar）。

5.1.1.3.1.2　运动表现分析领域的期刊论文

通过 Web of Science 数据库，以"sports performance analysis"或"notational analysis"为关键词，检索领域为"Sport Sciences"，时间跨度为"所有年份"，文献类型为"Article"，搜索到 2346 篇文章；在 Scopus 数据库中以相同的关键词进行搜索，搜索日期范围为"所有年份"，文献类型限制为"Article"，共得到 3958 篇文章。具体统计结果如下。

（1）论文数量、作者数量及被引用次数。运动表现分析领域的首

---

[1]　O'Donoghue P. An introduction to Performance Analysis of Sport ［M］. London：Routledge，2014：109.

篇论文为 1953 年由卡尔沃宁（Karvonen M. J.）等发表的 "Factor A-nalysis of Performance in Track and Field Events"[1]。从那时起到 20 世纪 70 年代之前的近 20 年中，只有 1964 年有一篇论文发表[2]。从 1973 年开始到 1995 年之间，平均每年有 10 篇文章刊登，但总体数量还处于较低水平。而从 1996 年开始论文数量快速增加，由前一年的 29 篇上升到 43 篇。自那时起，尽管偶有几年略有下降，但总体呈现快速上升趋势。到 2012 年，该年度论文发表达到 394 篇，成为截至目前发表文章数量最多的一年，可见运动表现分析的活跃程度在逐步提升（见图 7）。图 8 显示，运动表现分析论文在 20 世纪 90 年代以前的平均被引次数还很少，虽然 1990 年达到了历史最高值 3.76 次，但在接下来的一年平均数直接降到了 1 次，从那时起至 2000 年前数值开始上升并在 1.5 左右浮动。2000 年后平均被引用次数超过 2 次并保持在 2.5 次水平，2003 年被引次数更是达到了 1990 年以来的最高值 2.72 次。此外，从 20 世纪 90 年代后期以来尤其是进入 21 世纪，每篇文章平均作者人数和平均被引次数的标准差都在逐渐缩小，近几年则趋于稳定。由此可反映出运动表现分析领域的稳步增长态势。

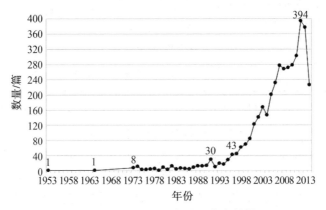

图 7　1953—2013 年论文发表数量

注：数据源自 Scopus 数据库。

［1］　Karvonen M J, Niemi M. Factor Analysis of Performance in Track and Field Events [J]. Arbeitsphysiologie, 1953, 15 (2): 127 – 133.

［2］　Margaria R, Aghemo P, Rovelli E. The effect of some drugs on the maximal capacity of athletic performance in man [J]. European Journal of Applied Physiology, 1964, 20 (4): 281 – 287.

图 8　文章平均作者数与平均被引用次数

注：平均被引用次数为该年度所有论文发表至今平均每篇文章每年度被引用次数；图中误差线为标准差；数据源自 *Web of Science* 数据库。

（2）活跃的学者、期刊和研究机构。经统计得出表 16，发表超过 9 篇运动表现分析论文的有 64 位学者，其中英国的克鲁斯楚普（Krustrup P.）和丹麦的班斯伯（Bangsbo J.）成为文章被引数前两位的学者（分别为 1847 次、1772 次）。这些作者中有 32 位来自欧洲国家，17 位来自澳大利亚与新西兰，11 位来自北美，仅 4 位来自其他地区；该领域最活跃的前三个国家为澳大利亚、美国和英国。

表 16　活跃于运动表现分析领域的专家一览表

作者	国家	文章数量/篇	被引用数量/次	作者	国家	文章数量/篇	被引用数量/次
卡斯塔尼亚（Castagna C.）	意大利	33	1420	墨菲（Murphy A. J.）	澳大利亚	12	302
戴维斯（Davids K.）	芬兰	32	407	米勒（Muller E.）	奥地利	12	238
威廉姆斯（Williams A. M.）	英国	27	1479	莫尔（Mohr M.）	瑞典	12	1633
毕夏普（Bishop D.）	澳大利亚	25	1130	勒努瓦（Lenoir M.）	比利时	12	161
牛顿（Newton R. U.）	澳大利亚	24	741	古斯科维奇（Guskiewicz K. M.）	美国	12	301

续表

作者	国家	文章数量/篇	被引用数量/次	作者	国家	文章数量/篇	被引用数量/次
加伯特 (Carbutt T. J.)	澳大利亚	24	431	福斯特 (Foster C.)	美国	12	359
迈尔 (Myer G. D.)	美国	19	1485	福特 (Ford K. R.)	美国	12	1375
卡迪奇 (Katic R.)	克罗地亚	19	226	班斯伯 (Bangsbo J.)	丹麦	12	1772
霍普金 (Hopkins W. G.)	新西兰	19	890	兰皮尼尼 (Rampinini E.)	意大利	11	1128
休伊特 (Hewett T. E.)	美国	19	1505	米勒 (Millet G. P.)	瑞士	11	224
桑帕约 (Sampaio)	葡萄牙	18	253	麦圭根 (McGuigan M. R.)	澳大利亚	11	393
克鲁斯楚普 (Krustrup P.)	英国	18	1847	马瑞士 (Maresh C. M.)	美国	11	284
克雷默 (Kraemer W. J.)	美国	18	734	詹金斯 (Jenkins D. G.)	澳大利亚	11	171
德沃夏克 (Dvorak J.)	瑞士	18	727	哈基宁 (Hakkinen K.)	芬兰	11	515
克罗宁 (Cronin J. B.)	澳大利亚	18	445	达菲尔德 (Duffield R.)	澳大利亚	11	296
阿伯内西 (Abernethy B.)	澳大利亚	18	585	卡琳 (Carling C.)	法国	11	284
哈迪 (Hardy L.)	英国	16	675	卡普拉尼卡 (Capranica L.)	意大利	11	130
阿罗约 (Araujo D.)	葡萄牙	16	195	瑜 (Yu B.)	美国	10	374
莱利 (Reilly T.)	英国	15	941	罗伯茨 (Roberts G. C.)	挪威	10	322
内维尔 (Nevil A. M.)	英国	15	585	野坂昭如 (Nosaka K.)	澳大利亚	10	302
因佩利泽里 (Impelizeri F. M.)	瑞士	15	1220	姆吉卡 (Mujika I.)	智利	10	352
德·科宁 (De Koning J. J.)	荷兰	15	336	缪斯 (Meeusen R.)	比利时	10	274

作者	国家	文章数量/篇	被引用数量/次	作者	国家	文章数量/篇	被引用数量/次
道森 (Dawson B.)	澳大利亚	15	612	雷米克 (Lemmink K. A. P. M.)	荷兰	10	235
库茨 (Coutts A. J.)	澳大利亚	15	817	古德曼 (Goodman C.)	澳大利亚	10	554
查马瑞 (Chamari K.)	突尼斯	14	415	弗兰奇尼 (Franchini E.)	巴西	10	155
贝克 (Baker J.)	加拿大	14	301	法罗 (Farrow D.)	澳大利亚	10	155
维斯 (Visscher C.)	荷兰	13	227	戈麦斯 (Gomez M. A.)	西班牙	9	43
马丽娜 (Malina R. M.)	美国	13	475	卢波 (Lupo C.)	意大利	9	78
容格 (Junge A.)	德国	13	618	翰顿 (Hanton S.)	英国	9	269
巴赫尔 (Bahr R.)	卡塔尔	13	288	伊斯基耶多 (Izquierdo M.)	西班牙	9	450
泰西托雷 (Tessitore A.)	意大利	12	140	桑兹 (Sands W. A.)	美国	9	233
纳瓦罗 (Navarro E.)	西班牙	12	82	洛基 (Lockie R. G.)	澳大利亚	9	192

注：数据源自 Scopus 数据库。

由表 17 可见，在刊载运动表现分析相关论文最活跃的前 20 家期刊中，美国共有 7 家，占据首位，英国以 5 家排名第二，其余期刊分属于澳大利亚和欧洲其他国家。*Journal of Strength and Conditioning Research* 为发表运动表现分析相关论文最多的期刊，共计 236 篇论文；*Journal of Sports Science* 和 *Journal of Sport & Exercise Psychology* 分别是被引用总次数和平均被引用次数最多的期刊。

表 18 显示，在运动表现分析领域最活跃的 45 家研究机构中，澳大利亚体育学院以 78 篇论文发表数量排名第一；利物浦约翰摩尔斯大学则在论文被引次数上排名第一（2238 次）。在运动表现分析领域最活跃研究机构中依旧几乎全部被欧美和大洋洲地区占据；欧美国家以及大洋

洲的澳大利亚和新西兰等发达国家在此领域处于领先地位，而包括中国在内的亚洲、拉美等地则还比较落后。

表17　1976年至今刊载运动表现分析相关论文最为活跃的前20家期刊

期刊	文章总数/篇	总数被引用数量/次	篇均被引用数量/次	期刊影响因子	期刊所属国家
Journal of Strength and Conditioning Research	236	2296	9.73	1.858	美国
Journal of Sports Sciences	221	3757	17.00	2.095	英国
Medicine and Science in Sports and Exercise	136	2910	21.4	4.459	美国
Psychology of Sport and Exercise	132	1348	10.21	1.768	荷兰
Journal of Science and Medicine in Sport	105	1338	12.74	3.079	澳大利亚
Journal of Applied Sport Psychology	86	1317	15.31	1.098	英国
Sport Psychologist	78	1150	14.74	0.933	美国
International Journal of Performance Analysis in Sport	77	85	1.10	0.845	英国
International Journal of Sport Psychology	77	705	9.16	0.453	意大利
Journal of Sport & Exercise Psychology	77	2387	31.00	2.593	美国
European Journal of Sport Science	68	262	3.85	1.314	英国
International Journal of Sports Medicine	59	677	11.47	2.374	德国
Scandinavian Jouranl of Medicine & Science in Sports	59	601	10.19	3.174	丹麦
Journal of Sports Science and Medicine	57	271	4.75	0.898	土耳其
British Journal of Sports Medicine	44	795	18.07	4.171	英国
Journal of Sports Medicine and Physical Fitness	43	317	7.37	0.757	意大利
International Journal of Sports Physiology and Performance	41	318	7.76	2.268	美国
Journal of Human Kinetics	42	24	0.57	0.698	波兰
Journal of Orthopaedic & Sports Physical Therapy	41	578	14.10	2.376	美国
Research Quarterly for Exercise and Sport	37	908	24.54	1.261	美国

注：数据源自 Web of Science 数据库；影响因子为2013年 ISI（Institute for Scientific Index）影响因子。

表18 运动表现分析领域活跃研究机构列表

研究机构	论文数量/篇	被引用数量/次
澳大利亚体育学院（Australian Institute of Sport）	78	1593
拉夫堡大学（Loughborough University）	77	1378
利物浦约翰摩尔斯大学（Liverpool John Moores University）	67	2238
昆士兰大学（University of Queensland）	61	952
西澳大学（University of Western Australia）	58	1829
奥克兰理工大学（Auckland University of Technology）	54	965
阿姆斯特丹自由大学（Vrije University Amsterdam）	45	927
悉尼大学（University of Sydney）	45	659
埃迪斯科文大学（Edith Cowan University）	45	1021
挪威体育科学学院（Norwegian School of Sport Sciences）	44	831
维多利亚大学（Victoria University）	40	325
曼彻斯特城市大学（Manchester Metropolitan University）	40	674
卡迪夫城市大学（Cardiff Metropolitan University）	38	624
澳大利亚天主教大学（Australian Catholic University）	37	261
昆士兰科技大学（Queensland University of Technology）	37	354
悉尼科技大学（University of Technology Sydney）	37	1137
埃克塞特大学（University of Exeter）	37	537
塞萨洛尼基亚里士多德大学（Aristotle University of Thessaloniki）	35	329
不列颠哥伦比亚大学（University of British Columbia）	33	848
克罗地亚斯普利特大学（University of Split）	32	311
奥塔哥大学（University of Otago）	32	934
伯明翰大学（University of Birmingham）	32	1037
宾夕法尼亚州立大学（Pennsylvania State University）	31	955
圣保罗大学（Saint Panl University）	31	403
布鲁内尔伦敦大学（Brunel University London）	30	572
威尔士班戈大学（Bangor University）	30	1216
马德里理工大学（Technical University of Madrid）	29	403
荷语鲁汶天主教大学（Catholic University of Leuven）	29	642
罗马第二大学（Universita degli Studi di Roma Tor Vergata）	29	1276
格拉纳达大学（Universidad de Granada）	29	231
根特大学（Ghent University）	37	1137
卡尔加里大学（University of Calgary）	37	537

研究机构	论文数量/篇	被引用数量/次
苏黎世的索泰斯诊所（Schulthess Clinic）	35	329
康涅狄格大学（University of Connecticut）	33	848
北卡罗来纳大学教堂山分校（The University of North Carolina at Chapel Hill）	32	311
罗马大学（Sapienza University of Rome）	32	934
沃尔夫汉普顿大学（University of Wolverhampton）	32	1037
波多黎各大学（Universidade de Porto）	31	955
佛罗里达大学（University of Florida）	31	403
于韦斯屈莱大学（University of Jyväskylä）	30	572
萨格勒布大学（University of Zagreb）	30	1216
利兹城市大学（Leeds Metropolitan University）	29	403
葡萄牙蒙特斯与奥拓杜罗大学（Universidade de Tras - os - Montes e Alto Douro）	29	642
香港大学（The University of Hong Kong）	29	1276
赫尔大学（University of Hull）	29	231

注：数据源自 *Scopus* 数据库。

5.1.1.3.2　体育数据分析学——sports analytics

国内对"sports analytics"的翻译尚不明确，有译成"运动分析""体育分析学""体育数据分析学"及"体育统计学"等（本研究选择"体育数据分析学"）。同样，对于体育数据分析学的内涵也众说纷纭，在2015年麻省理工学院斯隆体育分析会（MIT Sloan Sports Analytics Conference）上，长期钻研体育和数学领域的两位学者本杰明·阿尔玛（Jerome Alma）和维贾伊·梅赫罗特拉（Vijay Mehrotra）做了一个比较全面的解释，他们认为体育数据分析学的含义主要包括四个部分的内容：①管理成体系的历史数据；②利用整理的数据建立并应用预测性的分析模型；③使用信息系统与决策者进行交流；④帮助决策者为组织获得竞争中的优势。总体上来讲，体育数据分析学就是在和体育相关的事件中，通过收集、管理、分析和运用数据使决策更科学。

目前，体育数据分析学在体育界、学界和商界等领域都得到极大的追捧与推广，从该领域的专著和种类繁多的专业运动视频分析软件就可见一斑（见表19、表20）。例如，雪城大学（Syracuse University）拟定

2017 年秋季学期开设体育数据分析学专业，该专业的学习内容是关于运动项目的票价分析、运动赞助分析等运动类（赛事）活动的分析，涉及电脑编程、统计学与经济学的相关知识。

表 19　体育数据分析专著一览表

序号	专著名称	作者	出版年份	出版商
1	*Pro Basketball Forecast/Prospectus*	约翰·霍林格	2002	Brassey's US
2	*Basketball on Paper：Rules and Tools for Performance Analysis*	迪恩·奥利弗	2005	Brassey's US
3	*Mathletics：How Gamblers, Managers, and Sports Enthusiasts Use Mathematics in Baseball, Basketball, and Football*	韦恩·温斯顿	2012	Princeton University Press
4	*Basketball Analytics：Objective and Efficient Strategies for Understanding How Teams Win*	克里斯托弗·贝克、斯蒂芬·谢伊	2013	Createspace Independent Publishing Platform
5	*Basketball Analytics：Spatial Tracking*	斯蒂芬·谢伊	2014	Createspace Independent Publishing Platform
6	*Sports Analytics：A Guide for Coaches, Managers, and Other Decision Makers*	迪恩·奥利弗、本杰明·阿拉玛	2013	Columbia University Press
7	*Moneyball：The Art of Winning an Unfair Game*	迈克尔·刘易斯（Michael Lewis）	2004	W. W. Norton & Company
8	*Analytic Methods in Sports*	托马斯·塞韦里尼	2014	Chapman and Hall
9	*Analyzing Baseball Data with R*	麦克斯·玛驰（Max March）、吉姆·阿伯特（Jim Albert）	2013	Chapman and Hall
10	*Summary of Moneyball：By Michael Lewis – Includes Analysis*	因斯泰瑞（Instaread）	2016	Createspace Independent Publishing Platform
11	*The Hidden Game of Baseball：A Revolutionary Approach to Baseball and its Statistics*	科斯·劳（Keith Law）、强尼·索恩（John Thorn）、皮特·帕尔默（Pete Palmer）、戴维·鲁瑟（David Reuther）	2015	University of Chicago Press

序号	专著名称	作者	出版年份	出版商
12	*Scorecasting：The Hidden Influences Behind How Sports Are Played and Games Are Won*	托比亚斯·莫斯多维茨（Tobias Moskowitz）、乔恩·维特海姆（Jon Wertheim）	2011	Crown Archetype
13	*Baseball Between the Numbers：Why Everything You Know About the Game Is Wrong*	棒球赛事专家预测团队（The Baseball Prospectus Team of Experts）、约拿·克里（Jonah Keri）	2007	Basic Books
14	*The Book：Playing the Percentages in Baseball*	汤姆·唐歌（Tom Tango）、米切尔·李奇曼（Mitchel Lichtman）	2014	Createspace Independent Publishing Platform
15	*In Pursuit of Pennants：Baseball Operationsfrom Deadball to Moneyball*	丹尼尔·莱维特（Daniel Levitt）	2015	University of Nebraska Press
16	*Big Data Baseball：Math, Miracles, and the End of a 20 - Year Losing Streak*	特拉维斯·斯彻克（Travis Sawchik）	2016	Flatiron Books
17	*The Cardinals Way：How One Team Embraced Tradition and Moneyball at the Same Time*	哈沃德·迈高（Howard Megdal）	2016	Thomas Dunne Books
18	*Ahead of the Curve：Inside the Baseball Revolution*	布琳·肯尼（Brian Kenny）	2016	Simon & Schuster
19	*Trading Bases：A Story About Wall Street, Gambling, and Baseball（Not Necessarily in That Order）*	乔·派特（Joe Peta）	2013	Dutton
20	*Sport Business Analytics：Using Data to Increase Revenue and Improve Operational Efficiency*	凯西·哈里斯（Keith Harrison）、斯科特·布克斯坦（Scott Bukstein）	2016	Auerbach Publications
21	*Sports Math：An Introductory Course in the Mathematics of Sports Science and Sports Analytics*	罗兰德·明顿（Roland Minton）	2016	Chapman and Hall/CRC

序号	专著名称	作者	出版年份	出版商
22	*Analytics：Sports Stats & More*	马特·马里尼 （Matt Marini）	2015	Mason Crest
23	*Sport Analytics：A data – driven approach to sport business and management*	吉尔·福瑞德 （Gil Fried）、 斯达·穆米珠 （Ceyda Mumcu）	2016	Routledge
24	*The Numbers Game：Why Everything You Know About Soccer Is Wrong*	克里斯·安德森 （Chris Anderson）	2013	Penguin Books
25	*Hockey Abstract Presents... Stat Shot：The Ultimate Guide to Hockey Analytics*	罗博·沃曼 （Rob Vollman）	2016	ECW Press
26	*All – Time Nines：Baseball's Greatest Teams as Determined by Analytics*	顿·考斯 （Don Cox）	2016	McFarland & Co Inc
27	*Peak Performance，Personal Records，Ultimate Fitness，and Winning Athletic Competitions With Behavior Analytic Training*	斯蒂芬·芙洛拉 （Stephen Ray Flora）	2010	Createspace
28	*The Sabermetric Revolution：Assessing the Growth of Analytics in Baseball*	本杰明·鲍默 （Benjamin Baumer）、 安德鲁· 齐姆巴丽斯特 （Andrew Zimbalist）	2013	University of Pennsylvania Press

注：数据源自 *Amazon* 网站。

表20　运动视频分析软件一览表[1]

公司	国家	软件名称	网址
Dartfish	瑞士	Darttrainer	http：//www. dartfish. com/
Elite Sports Analysis	英国	Focus X2	http：//www. elitesportsanalysis. com/
Master Coach Intenational	德国	Mastercoach	http：//www. mastercoach. de/

[1] 苑廷刚. 运动视频图像多重处理技术系统在田径科研领域中的应用和创新［D］. 北京体育大学，2011：49.

公司	国家	软件名称	网址
Posicom AS	挪威	Posicom	http：//www. posicom. com/
REM Informatique	法国	Stade X pert	http：//www. afd. com/
Data Project	意大利	Data Video	http：//www. dataproject. com/
Transana Lead	美国	Transana	http：//www. transana. com/
Motion Pro	美国	Motion Pro	http：//www. motionprosoftware. com/
Digital Tec	澳大利亚	Sportcode	http：//www. dtsvideo. com/
Kinovea	法国	Kinovea	http：//www. kinovea. com/
Matehanalysis	美国	Mambsetudio	http：//www. matchanlaysis. com/
Prozone	英国	Prozone3	http：//www. prozonesports. com/
Amisco	法国	Amisco Tracking	http：//www. sportuniversal. com/
Simi	德国	SimiSoftwares	http：//www. simi. com/
Qualisys	瑞典	Qualisys Video Analysis	http：//www. qualisys. com/
Quintic	英国	Quintic Video Analysis	http：//www. quintic. com/
Sports CAD	德国	Sports CAD Platinum	http：//www. sportscad. com/
Motion Suite	美国	Motion Suite Complete	http：//www. allsportsystems. com/

　　体育数据分析学的迅速发展及广为人知，不得不提到麻省理工学院斯隆体育分析峰会于其中起到的作用。为了给体育数据分析学这个新兴主题打造一个交流平台，美国麻省理工学院的斯隆管理学院在 2006 年牵头创立了斯隆体育分析峰会，并由斯隆管理学院校友、休斯敦火箭队总经理达里尔·莫雷（Daryl Morey）和卡夫体育集团副总裁杰西卡·吉尔曼（Jessica Gilman）担任会议主席。在过去 10 年里，斯隆体育分析峰会发展迅速。2007 年的首次会议仅有区区 175 名代表参会，而如今斯隆体育分析峰会的规模和影响力已不可同日而语。2016 年的会议吸引了超过 3900 名代表，他们分别来自 320 多家学术机构、130 个球队和职业体育联盟以及 300 多家体育企业。如有被誉为棒球数据分析（Sabermetrics）之父的比尔·詹姆斯（Bill James）和 MLB（美国职业棒球大联盟，Major League Baseball）奥克兰运动家棒球事务部副总裁比利·比恩（Billy Beane）；篮球界的 NBA 总裁亚当·萧华（Adam Silver）、"禅师"菲尔·杰克逊（Philip Jackson）以及雷·阿伦（Ray Allen）、肖恩·巴蒂尔（Shane Battier）等球星；经营包括英格兰超级联赛阿森

纳、NFL（美国国家橄榄球联盟，National Football League）洛杉矶公羊队、NHL（美国国家冰球联盟，National Hockey League）科罗拉多雪崩队、NBA 丹佛掘金队和 MLS（美国职业足球大联盟，Major League Soccer）科罗拉多急流队在内的多家体育俱乐部的美国大亨斯坦·克伦克（Stan Kroenke）；知名金融作家、《点球成金》（*Moneyball*）的作者迈克尔·刘易斯（Michael Lewis）；《纽约客》著名的撰稿人马尔科姆·格拉德威尔（Malcolm Gladwell）和其他体育领域的一线人物。由此可见，斯隆体育分析峰会的影响力非常大，它的开展使体育数据分析学得到了极大的发展。2016 年麻省理工学院斯隆体育分析会的几大亮点见表21。

表 21　2016 年麻省理工学院斯隆体育分析峰会的几大亮点

亮点	介绍
大数据元素无处不在	来自 IBM、英特尔、ESPN 等公司的数据分析总监联合举办了分会 "体育大数据的崛起"；像 Opta 这样的体育数据公司在会场外摆起了自己的展台；学术研究中有 7 篇论文是以大数据为基础展开讨论的
分析学改变竞技体育	专业的数据分析渗透一支职业球队的方方面面：训练、备战、实时战术调整等。此外，对于球员的伤病管理也是一个重大课题，如很多球队已经可以通过分析法预测一个球员的受伤时间
分析学受到的阻力	许多在体育圈打拼多年的教练员和球员对分析学并不认同，他们不希望自己的权威被几台机器和西装革履的理科学霸所挑战，所以如何有机地结合老派体育人的经验主义和新时代 "制服组" 的科学手段是一个需要慢慢摸索的课题
打造新时代的球迷体验	利用新技术改善球迷体验是个巨大的市场，而其中的途径是多样化的
体育博彩的未来	在今年的峰会讨论中，专家们依旧坚持体育博彩合法化是大势所趋，并表示合法化将会给职业体育带来许多好处：体育赛事将会更加透明、给联盟和球队带来巨大收入、增加球迷的参与度

注：整理自 2016 年麻省理工学院斯隆体育分析峰会内容。

5.1.2　国内体育情报的发展历程

不知是不是因为有贺龙老总这位沙场老将当家，中华人民共和国成立以来，我国体育战线对情报的认识从不含糊。从最初仅仅翻译外文资料，到全面、系统地开展文献翻译、编辑出版、声像处理等工作，我国体育情报工作是随着新中国体育运动和体育科技事业的发展而逐步形成、发展和壮大起来的[1]。长期以来，我国的体育情报工作者遵循党和国家发展体育运动的方针政策，根据体育事业发展的需要，及时掌握国内外体育运动和体育科技发展水平和动向，准确、有针对性地提供信息情报研究成果，为领导决策、运动技术水平的提高和体育科学技术的进步做出了贡献。我国体育情报工作的发展大致经历了三个阶段：第一阶段为初始阶段（20 世纪 50 年代末至 70 年代中期），第二阶段为快速发展阶段（20 世纪 70 年代末至 90 年代中期），第三阶段为现代体育情报阶段（20 世纪 90 年代末至今）。

5.1.2.1 初始阶段（20 世纪 50 年代末至 70 年代中期）

5.1.2.1.1 体育情报刊物的编译

早在中华人民共和国成立初期，我国体育工作者就及时引进和翻译了大批国外体育教材和学术著作。20 世纪 50 年代初，北京体育学院（现为北京体育大学）、上海体育学院、武汉体育学院相继成立，开始在图书馆开展体育图书资料编译工作。1952 年，中华全国体育总会国际组译编出版了《国际体育参考资料》，为我国在参加国际体育竞赛活动中进行情报传递工作提供智库服务。之后，1953 年人民体育出版社编译出版了《体育译丛》《体育文丛》，开始向国内体育工作者介绍国外体育科技新成果[2]。1958 年国家体委科研所（现为国家体育总局体育科学研究所）成立后，大量翻译和整理了国外资料，出版了《运动技术资料》《国外体育动态》《国外体育消息》《体育科学技术资料》和《体育科学参考资料》等，还编辑了不少综述、专题报告等满足领导决策需要的内部印发资料。在当时我国参加国际赛事不多、国内体育科技刊物还较少的情况下，这些体育情报刊物对满足体育工作的需要起了很大作用。

5.1.2.1.2 体育情报资料研究室的建立

20 世纪 50 年代末期，全国各省、市、自治区体育科研所陆续建立

---

〔1〕 白慕炜. 我国体育情报学的发展及游泳情报网络的建设思考 [J]. 科技信息，2011（29）：610，630.

〔2〕 苟剑侯. 体育情报编辑报道工作刍议 [J]. 四川体育科学学报，1983（4）：41 - 45.

了体育情报资料研究室，其主要工作任务包括：①为领导决策和运动实践服务；②学习国外先进经验，进行初步的体育文献检索组织系统建设；③开展图书阅览服务；④翻译国外运动训练和竞赛最新信息，编辑制作声像情报，为我国重点竞技运动项目开展体育情报资料服务工作[1]。与此同时，体育文献检索工作也在各体育学院的图书馆开展并完善，从最初仅拍摄国内外体育技术图片发展到拍电影和电影短片，并提供给科研人员、教练员和体育教师使用[2]。

总之，20世纪50年代初至70年代中期是我国体育情报工作的初始阶段，这一阶段的特点是工作刚刚起步，基础薄弱，工作重点是翻译、引进国外先进体育运动技术和介绍国际体育动态，对我国体育事业和体育科学的发展起到拓宽视野的作用。全国范围内各级体育情报研究机构的建立、体育文献整理和查阅工作的初步开展，为下一阶段体育情报研究工作的发展奠定了坚实基础。

5.1.2.2 传统体育情报阶段（20世纪70年代末至90年代中期）

5.1.2.2.1 中国体育情报学会的成立

党的十一届三中全会之后，我国开始重视体育情报研究的实践与理论相结合工作，体育情报领域科研状况得到较大改观[3]。在此之前，从中央到各省、直辖市和自治区的二级体育情报研究机构组织体系虽已初步形成，但受"文化大革命"的影响，体育情报研究停滞近10年之久。1981年，在罗马尼亚斯纳戈夫召开了国际体育情报联合会第七次代表大会暨第一届世界体育情报大会[4]。同年，我国加入了国际体育情报联合会，并首次派代表出席了这次会议，会上被选为执委会委员，并于1981年5月4日成立了中国体育情报学会。同年9月中国体育情报学会召开了第一届全国体育情报工作会议，会上总结了中华人民共和国成立以来体育情报工作的成果和经验，制定了《体育情报工作暂行条例》，指出"体育情报工作是体育运动事业和体育科学技术工作的重要

〔1〕 张立，陈默风，张瑞. 对发展我国体育信息服务业的思考 [J]. 体育科学，1999（4）：81-84.
〔2〕 蔡俊五. 发展中的体育情报学 [J]. 体育科学，1982（4）：85-91.
〔3〕 包天. 竞技体育人际情报网络构建研究 [D]. 西南大学，2016.
〔4〕 马铁. 不断发展的国际体育情报事业 [J]. 浙江体育科学，1985（3）：57-61.

组成部分，是一项政策性、科学性、时间性、社会性和服务性很强的工作"。我国体育情报这个阶段的工作重点：适应冲出亚洲，走向世界的要求，围绕重大国际比赛和国内比赛，为我国运动技术水平的提高和体育科学技术的发展服务。同时，要重视介绍各国体育制度，发展体育的政策性措施，新的体育学科的发展，新的科学理论和技术在体育运动中的应用，为发展我国的体育教育和建立我国的体育科学体系服务。该条例的颁布标志着我国体育情报工作在全国范围内得以恢复和发展。

5.1.2.2.2　体育情报学术会议的开展

体育情报学术会议交流活动自体育情报学会成立以来，有组织、有序地在全国范围内开展起来。1983年10月7日，中国体育科学学会体育情报学会举办了第一届体育情报学术讨论会。共计75篇论文入选本次学术讨论会；从研究方向上来看，体育情报基础理论方面有5篇，情报管理方面有21篇，文献与情报检索方面有16篇，情报翻译方面有13篇，编辑报道方面有6篇，声像情报方面有14篇；论文多是从体育情报工作的实际需要出发，将科技情报理论应用于体育情报工作中，进而阐释出对体育情报工作有指导意义的专业情报理论。此后，1984年全国体育情报（翻译、编辑专业）学术研讨会在云南昆明召开；1985年9月23日全国体育情报（文献、声象专业）学术研讨会在四川成都召开；1986年全国体育情报（翻译专业）学术研讨会在江苏扬州召开；1987年全国体育情报翻译专业学术研讨会在山东烟台召开，以期探索出一条适合我国国情的体育情报发展路径。与此同时，建立全国统一协调的体育情报体系已成为当时体育情报界最为关心的一件大事。1987年国家体育运动委员会（现为国家体育总局）体育科学研究所情报资料室与声像室合并成国家体委体育情报研究所（现为国家体育总局体育信息中心），并与各省、市、自治区体育科学研究所情报资料室密切合作，使全国体育情报网络得以巩固和提高。

5.1.2.2.3　体育情报学术期刊的创办

与此同时，专门性的体育情报学术期刊也创办起来。1981年，西安体育学院科研处情报资料室编辑出版了内部发行的双月刊《体育情报》，这是有史可查的我国最早发行的以体育情报命名的专门性体育情报学术杂志，以刊登体育科技资料、译文、国外动作技术图片和国内体育学术论文为主。1982年，上海体育学院科研处情报资料室出版了内参《上海体育学院译报》，以刊载国外运动技术分析、理论探讨等译文为主，并从 1985 年开始对外开展代译体育科技外文资料或根据用户提出的课题代为收集和翻译外文资料等业务，该举措具备了体育情报机构为用户提供定题服务的雏形[1]。随后，其他体育院校的图书馆情报室也相继发行了以体育情报为定位的期刊。虽然上述刊物仅仅是未公开发行的内部体育学术期刊，但其在有重点地刊登一次文献的同时，十分注重对二次文献的编辑报道，并且对体育情报研究方向的学术争鸣、前沿动态的刊载量明显远大于其他学术刊物，为我国体育情报学的发展提供了必要的成长空间。此外，为了实现"奥运争光计划"战略目标，原国家体委体育情报研究所进行了国外奥运会项目的制胜规律、国外竞技体育保障体系、运动训练方法等方面的研究。在奥运会、亚运会前夕先后出版了《亚运信息》《奥运项目信息》《世界大赛、世界纪录、世界排名成绩汇编》等内刊，对国外优秀运动队和运动员的历史成绩、最新成绩、新的技战术特点、赛前备战情况及发展动向进行了追踪报道，为国家队备战国际大赛提供了大量情报。

5.1.2.2.4 体育情报人员队伍的壮大

随着全国各地体育科研工作的迅速开展，体育情报人员的队伍也不断扩大。北京体育学院（现为北京体育大学）和国家体委体育科学研究所（现为国家体育总局体育科学研究所）开始招收体育情报研究生，加强体育情报理论研究和专业人员的培养。在国内，一个行业有意识地为自己培养专业情报的研究生，体育若不算最早也该属于很早的行业之一[2]。北京体育学院是从 1979 年开始招收体育情报专业研究生的，首批录取了 8 人，第一位体育情报研究生樊渝杰于 1981 年毕业[3]。1982年 10 月 6—25 日，中国体育科学学会体育情报学会在山东济南举办了第一期全国体育情报管理干部进修班，开设的课程有体育情报工作概论、科技文献参考咨询及检索等。通过学习，加强了体育情报专业人员的培养，同时使其对体育情报工作有了一个比较统一的认识：①整个情报工作可分为收集，管理（分类、整理、编目、储存），分析研究，报

〔1〕 刘成. 体育竞争情报及其对我国竞技体育核心竞争力的影响研究［D］. 上海体育学院，2010.
〔2〕 缪其浩. 体育与情报［J］. 竞争情报，2008（2）：1.
〔3〕 缪其浩. 体育与情报［J］. 竞争情报，2008（2）：1.

道，服务等过程，而基础工作则是文献工作；②体育情报的概念为向人们传递新的、有用的、有关体育的知识，也就是说，体育情报一要有用，二要新，三要传递，并且由于"体育情报"的内容相对更广泛，因此在不否定"体育科技情报"是"体育情报"主体的前提下，大家达成了体育方面的情报总概念为"体育情报"比"体育科技情报"更贴切的共识。

5.1.2.2.5 "情报"更名为"信息"的困惑

进入 20 世纪 90 年代，国家科学技术委员会（现科学技术部）第八次全国科技情报工作会议颁发《关于进一步加快和深化科技信息体制改革的意见》，决定将"科技情报"改称"科技信息"，"中国科技情报研究所"改名为"中国科技信息研究所"[1]。以此为依据，社会上的"科技情报所"也纷纷改旗易帜称为"科技信息所"。因此，有人认为"情报就是信息，信息就是情报""情报学的建立是一场历史错误"。与此同时，受全国情报界改名的大环境影响，体育情报学也同样面临了生存危机。1993 年，国家体育总局体育情报研究所更名为国家体育总局体育信息研究所，中国体育科学学会体育情报学会相应更名为中国体育科学学会体育信息分会。在国际体育情报联合会英文名称没有发生变化的情况下，我国自此将其中文名称更改为国际体育信息联合会。此外，西安体育学院主办的《体育情报》更名为《体育科技信息》，武汉体育学院主办的《武汉体育学院译报》更名为《国外体育科学》等。一时之间，体育情报研究被体育信息研究笼统化地取而代之。然而，尽管许多研究纷纷冠以体育信息之名，但实际上原来体育情报学的很多研究内容并未发生根本性变化，仅是用体育信息替代了体育情报和体育文献，换了个名称而已[2]。

综合上述内容，20 世纪 70 年代至 90 年代中期是我国体育情报研究的快速发展时期，我国体育情报中心成为亚洲最大的体育情报基地之一。但从 90 年代初开始，受全国情报界改名的大环境影响，体育情报学面临生存危机。混合研究是这一时期的显著特点，主要研究对象已基

---

〔1〕 李林华，荣春琳. 再论竞争情报与情报学的发展 [J]. 情报资料工作，2007 (1)：18 – 21.

〔2〕 文庭孝，刘刚，张洋. 我国情报学发展的危机种种 [J]. 情报理论与实践，2005 (4)：342 – 345.

本转移到了体育信息，体育情报研究步入了少有人问津的境地。

5.1.2.3　现代体育情报阶段（20世纪90年代末至今）

"信息"与"情报"争论10余年的结果是情报学成为信息学的一门子学科。在全球商业化竞争趋势日益加剧的网络环境下，传统的情报活动已很难满足现实需求，以"竞争情报"为主题的情报活动被推上了历史舞台。我国情报界于20世纪80年代末引入竞争情报理论，并于1995年4月成立了中国科学技术情报学会竞争情报分会（Society of Competitive Intelligence of China，SCIC），从此走向与国际竞争情报研究接轨的专业化发展道路。竞争情报理论使情报活动上升为一种高层次的智能活动，成为情报学突破困境的出路，并逐渐应用于国内各个领域的情报研究。体育情报是情报学的一个应用领域，体育情报的发展同样顺应了情报学的发展：其信息的收集与分析、竞赛战略的制定，与经济技术领域的竞争情报具有相似之处，所以有学者将竞争情报的理论、方法等引入体育领域，结合体育领域的特点，形成竞争情报的一个研究分支——体育竞争情报[1]。目前，体育竞争情报的情况是实用性研究发展速度快于理论研究，且前者呈繁荣发展态势，而理论研究则处于起步阶段。查阅1995—2016年有关体育竞争情报的文献资料，将其进行整理和分析后发现共有如下几类研究。

（1）竞技体育中的体育竞争情报研究。翟红哲等指出，竞争是竞技体育中的固有属性和表现形式，自始至终贯穿于比赛中，他还论述了竞争情报的主要特性、基本构筑及主要内容[2]。陈明探析了体育竞争情报在我国竞技体育中的应用[3]。张卓熙等通过多哈亚运会赛场上的实例证明，通过竞争对手分析、赛前预警、甄别灰色情报获取高价值信息，可适时做出相应的技战术调整，更好地为比赛服务[4]。罗智波等

〔1〕　吴晓玲. 试论体育竞争情报研究的基本内容［J］. 贵州体育科技，2002，20（10）：1042-1045.

〔2〕　翟红哲，龙波. 竞技体育中竞争情报的研究［J］. 安徽体育科技，1997（4）：86-88.

〔3〕　陈明. 浅析体育竞争情报在竞技体育中的应用［J］. 吉林体育学院学报，2006，22（3）：12-13.

〔4〕　张卓熙，陈国端. 多哈亚运会体育竞争情报运用研究［J］. 体育世界（学术版），2007（6）：99-100.

阐述了竞争情报在体育竞赛中的重要意义、体育竞争情报的内容，以及体育竞赛中竞争情报的应用策略[1]。罗智波通过论述竞争情报在体育竞赛中的相关关系和应用方式，将竞争情报理论、方法引入体育竞赛，并结合比赛实际阐述竞争情报在体育竞赛中的重要意义以及竞争情报对体育研究的作用[2]。易华通对体育竞争情报的重要性、体育竞争情报的应用进行了探讨，提出了开展体育竞争情报工作应注意的问题[3]。李阳认为，体育竞赛中的竞争情报能够帮助教练员在战术方面适时地做出调整，从而更好地为比赛服务[4]。孔祥平以北京奥运会部分项目为案例，阐述了体育竞争情报研究的内容和意义，指出体育竞争情报的重要性[5]。罗攀通过对竞争情报学的总体概述和对竞争情报学与竞技体育之间的共性进行讨论，得出相应的内在联系和共性，从而找出我国的竞技体育运动存在的问题，并提出解决的措施[6]。刘成将体育竞争情报的学科渊源、学科归属、概念、内涵、本质属性做了一番研究，并深入讨论了体育竞争情报提升我国竞技体育部分优势项目核心竞争力的作用与实现机理[7]。陈勇等收集、整理历届全国大学生篮球联赛参赛队的比赛成绩等数据信息，进行聚类和对比研究[8]。王韵博通过阐述体育竞争情报的研究内容和主要作用，分析了体育学院体育情报研究的任务与目的，以及高等体育院校开展体育情报研究工作的必要性[9]。马国强等从重视竞训情报的采集工作；研究竞赛情报收集内容，优化训练

〔1〕 罗智波，文庭孝. 体育竞赛中的竞争情报策略研究 [J]. 情报探索，2007 (11)：78-80.

〔2〕 罗智波. 论竞争情报在体育竞赛中的运用 [J]. 体育科技文献通报，2008，16 (3)：8-9.

〔3〕 易华通. 论体育竞技中的竞争情报 [J]. 科技情报开发与经济，2008，18 (12)：93-95.

〔4〕 李阳. 竞争情报在体育竞赛中的运用研究 [J]. 周口师范学院学报，2009，26 (1)：152-153.

〔5〕 孔祥平. 体育竞争情报的搜集 [J]. 情报探索，2010 (5)：52-54.

〔6〕 罗攀. 竞争情报学在竞技体育运动中的运用 [J]. 运动，2010 (2)：50-51.

〔7〕 刘成. 体育竞争情报及其对我国竞技体育核心竞争力的影响研究 [D]. 上海体育学院，2010：27-28.

〔8〕 陈勇，刘成，王满秀. 我国高校竞技篮球实力布局特征的体育竞争情报分析 [J]. 上海体育学院学报，2011，35 (6)：97-101.

〔9〕 王韵博. 体育竞争情报及其在高校竞技体育中的应用 [J]. 现代情报，2012，32 (11)：144-145.

竞赛方案；掌握情报信息的加工与处理，提升教练团队训练执教水平这三个方面，探讨如何提升高校篮球队竞训水平，力求为高校篮球竞训水平的提高提供有益参考[1]。李万洋等以高校为主体，分析高校体育中竞技情报收集工作的相关问题，讨论高校体育竞争情报收集的作用，阐述体育竞争情报及其在高校竞技体育中的应用[2]。苏宴锋等对沙滩排球竞争情报智能服务系统进行研究，认为该系统包括国际运动训练前沿、青少年科学选材、竞争对手情报、竞争环境信息、综合信息知识与动态五大部分，其中竞争对手情报与国际运动训练前沿是核心内容[3]。

（2）体育院校图书馆的体育竞争情报服务研究。戴尧群论述了体育高校图书馆开展竞争情报服务的可能性[4]。肖欣等对体育竞争情报的概念、分类进行阐述，通过对体育院校体育竞争情报服务的开展现状及该项工作的重要性进行分析，进一步提出体育院校开展体育竞争情报服务的措施与对策[5]。

（3）体育竞争情报的理论研究。郝树敏提出，体育竞争情报是一种体育决策情报、体育战略情报和体育产业的核心，并指出应成立体育竞争情报机构培养一支强大的体育竞争情报专业人员队伍，并加强体育竞争情报教育[6]。吴晓玲将竞争情报理论、方法等引入体育领域，结合体育领域特点，从体育竞争对手、体育竞争环境和体育竞争战略三方面对体育竞争情报研究的基本内容进行了详细阐述，为科学地构建和完善我国体育竞争情报研究的理论体系、形成竞争情报的研究分支——体育竞争情报奠定了基础[7]。李儒新等认为体育竞争情报是从现代竞争理论、核心竞争力理论、情报学和竞争情报等相关理论中演化而来，其

〔1〕 马国强，阿斯卡尔·肉孜. 篮球竞赛情报视角下提升高校篮球队训练竞赛水平[J]. 体育时空，2015（1）：109.
〔2〕 李万洋，王丹. 体育竞争情报及其在高校竞技体育中的应用 [J]. 经营管理者，2015（16）：360.
〔3〕 苏宴锋，王红英，张峰筠，等. 沙滩排球竞争情报智能服务系统的理论框架与实践[J]. 上海体育学院学报，2016，40（3）：52-55.
〔4〕 戴尧群. 体育竞争情报的特性与体院图书馆功能的拓展 [J]. 上海体育学院学报，1997（A00）：98-100.
〔5〕 肖欣，司虎克. 信息化环境下体育院校的体育竞争情报服务研究 [J]. 体育科研，2009，30（2）：39-41.
〔6〕 郝树敏. 体育竞争情报 [J]. 情报杂志，1997，16（6）：58-59.
〔7〕 吴晓玲. 试论体育竞争情报研究的基本内容 [J]. 情报科学，2002，20（10）：1042-1045.

中竞争优势是贯穿以上各个理论发展的一条核心主线[1]。孔祥平对体育竞争情报的含义、特点、来源以及收集方式进行研究，旨在阐述体育竞争情报的重要性[2]。吴晓玲认为，将知识管理理念应用到体育竞争情报理论中，对明确知识管理概念下体育竞争情报源的不同划分和收集方式，实现显性体育竞争情报源与隐性体育竞争情报源的相互转化，最大限度地完成体育竞争情报资源的共享，提高体育综合竞争力，具有一定的理论意义；同时对进一步加速实现体育竞争情报系统的社会化、外化、整合化、内化的良性互动起到了积极的推动作用[3]。刘兰娟等运用 CiteSpace 软件对数据进行计量分析、绘制知识图谱，结合内容分析与数据挖掘，对国际瑜伽研究演进脉络与前沿动态展开体育竞争情报分析[4]。杨红英等对体育竞争情报研究现状进行了调查分析，探讨了其学科理论，提出了基于引文分析的高校学科竞争情报服务、基于专利分析的企业技术竞争情报服务与基于体育科技查新的竞争情报服务三种体育科技竞争情报服务的模式[5]。

（4）体育竞争情报系统的研究。赵敏山考察了体育竞争情报系统的特点及分类，并进一步从加强情报人员素质和完善情报获取途径方面探讨了体育竞争情报系统的构建方式[6]。陈有忠探讨了体育竞争情报系统的建立和运行模式，以适应当前竞技体育竞争日趋激烈的国际环境需要[7]。应中从更有效地收集、分析和利用体育竞争情报的角度提出了建设国家体育竞争情报体系的构想[8]。易华通参照系统的构建原理，

〔1〕 李儒新，刘成，司虎克. 体育竞争情报的理论渊源与本质内涵解读 [J]. 山东体育学院学报，2010，26（12）：36-40.
〔2〕 孔祥平. 体育竞争情报的搜集 [J]. 情报探索，2010（5）：52-54.
〔3〕 吴晓玲. 知识管理视角下体育竞争情报源的不同划分和搜集方式 [J]. 河南图书馆学刊，2013（11）：83-85.
〔4〕 刘兰娟，司虎克，刘成. 国际瑜伽研究演进脉络与前沿动态的体育竞争情报分析 [J]. 中国体育科技，2015，51（2）：105-113.
〔5〕 杨红英，杨海燕，王会寨. 大数据时代我国体育科技竞争情报服务研究 [J]. 山东体育科技，2015，37（1）：66-68.
〔6〕 赵敏山. 对体育竞争情报系统的构建探讨 [J]. 现代情报，2004，24（6）：114-115.
〔7〕 陈有忠. 论体育竞争情报系统的建立及运用 [J]. 军事体育进修学院学报，2007（3）：21-23.
〔8〕 应中. 国家体育竞争情报体系建设研究 [J]. 图书馆理论与实践，2007（4）：60-61.

从结构模型、构成要素和功能等方面对体育竞争情报系统的构建做出探讨[1]。肖欣等认为，构建教练员竞争情报系统，是目前开展教练员竞争情报服务的关键所在[2]。赵志丽在对竞争情报系统的概念及相关研究进行分析的基础上，进一步论述竞争情报系统的功能在竞技体育领域的应用[3]。

（5）体育专利的体育竞争情报研究。明宇等基于专利地图技术的视域，运用词频分析、描述性统计、Ucinet 6.0 统计软件，对德国、法国、英国、意大利在欧洲专利局申请的体育专利的发展趋势及申请人进行分析；对 2007—2011 年在中华人民共和国国家知识产权局申请的体育器械发明专利进行分析；对中美两国在欧洲专利局体育器械专利申请的发展趋势、申请人及发明人进行分析；对阿迪达斯公司近 10 年来专利研发的跟踪研究，对处于体育产品品牌危机中的中国企业开展体育专利技术创新实践有着重要的现实意义和积极的借鉴作用；通过 5 家国外体育品牌生产企业与 5 家国内体育品牌生产企业在体育专利研发领域的对比研究认为：我国体育品牌生产企业技术创新人才缺乏、对企业内部现有技术挖掘和不同技术整合的效率低、技术创新中信息流通不畅、体育技术创新产出少，在体育专利的研发领域，不同技术的融合与国外体育品牌生产企业存在较大差距，体育专利研发中技术含量的同质性较高，需要注重体育科技人员的培养、加强合作、提高企业内外知名度[4]。张元梁等利用文献计量可视化软件 Bibexcel、Ucinet 6.0 和 CiteSpace II 对从 2002—2012 年收录在《德温特创新索引》专利数据库的网球专利文献进行了计量分析，并以可视化图谱的形式展现出网球专利文献的时间、专利权人、发明人、技术热点等指标的分布特征[5]。

---

〔1〕 易华通. 试论体育竞争情报系统的构建 ［J］. 中山大学研究生学刊（社会科学版），2008（1）：101 - 108.

〔2〕 肖欣，司虎克. 构建信息化时代教练员竞争情报系统 ［J］. 中国体育教练员，2009，17（1）：21 - 22.

〔3〕 赵志丽. CIS 功能在竞技体育赛事中的应用 ［J］. 体育成人教育学刊，2014，30（5）：48 - 49，52.

〔4〕 明宇，司虎克. 国外体育品牌生产企业技术创新的竞争情报分析——以耐克、阿迪达斯、锐步、彪马、匡威的专利研发为例 ［J］. 西安体育学院学报，2015，32（4）：435 - 440.

〔5〕 张元梁，司虎克. 国际网球专利技术领域竞争情报的可视化分析 ［J］. 中体育科技，2013，49（6）：57 - 65.

陈金伟以《德温特创新索引》专利数据库获取的国际篮球专利文献为具体的研究对象，利用专利文献计量可视化软件对其进行专利文献计量分析，以可视化图谱的形式呈现出篮球专利文献的时间、专利权人、发明人、热点技术领域及核心专利领域的分布特征并对其进行系统的分析[1]。尹龙等借助竞争情报分析中的专利分析法，从高尔夫球杆器材入手，探寻该领域器材装备的技术发展趋势[2]。邢双涛利用文献计量可视化软件对从《德温特创新索引》专利数据库收集的国际羽毛球专利文献进行可视化分析，并以可视化图谱的形式呈现出羽毛球专利文献的时间、学科领域、专利权人、发明人、热点技术领域及核心专利领域的分布特征[3]。

（6）体育反竞争情报的研究。刘成指出体育反竞争情报是针对竞争对手体育竞争情报活动而开展的一系列防范性情报工作，以保护本方的敏感信息，确定须保护的敏感信息内容、级别、时限及主要防范对象，控制自身信息公开的内容和方式，评估竞争对手竞争情报活动，查漏补缺，发现本方须加强信息安全防护的薄弱环节，识别虚假信息[4]。刘宇阐述了足球竞赛的反竞争情报的相关概念、特点及具体工作的实施流程[5]。王靖针对反竞争情报理论研究的现状、竞技体育反竞争情报理论、国家拳击队反竞争情报工作现状、国家拳击队反竞争情报建设的影响因素、国家拳击队反竞争情报的主要风险和国家拳击队反竞争情报建设的策略做了一系列研究[6]。

此外，这一时期也是我国体育竞争情报应用研究的迅速发展时期。以 2016 年里约奥运会中国国家女子排球队夺冠背后的数据分析服务为例。中国女排的数据分析是运用专门的数据分析软件，通过临场的数据

〔1〕 陈金伟. 国际篮球专利技术领域竞争情报的可视化分析 [D]. 新疆师范大学，2015：27.

〔2〕 尹龙，李芳，王磊，等. 全球运动装备技术专利竞争情报分析：以高尔夫球杆技术专利为例 [J]. 首都体育学院学报，2016，28（3）：258 - 264，282.

〔3〕 邢双涛. 国际羽毛球专利技术竞争情报的可视化分析 [J]. 北京体育大学学报，2016，39（7）：45 - 51.

〔4〕 刘成. 体育竞争情报及其对我国竞技体育核心竞争力的影响研究 [D]. 上海体育学院，2010：45.

〔5〕 刘宇. 足球运动竞赛情报理论与实证研究 [D]. 上海体育学院，2012：37.

〔6〕 王靖. 竞技体育反竞争情报视域下国家拳击队信息保护现状的研究 [D]. 上海体育学院，2015：21.

分析告诉教练组最佳对应策略，进而调整攻击防守模式。中国女排每局比赛结束后助理教练都会把数据分析师打印出来的技术统计报告拿给现场指挥的郎平阅读。从比赛开始，数据分析师就将每个回合都在电脑上做备注，比赛结束后就可以快速地做好视频剪辑和战术分析。每场排球比赛中，现场输入技术数据至少有1000多条，包括每个队员的发球、二传传球位置分析、重点球员在不同战术中扣球和吊球的习惯线路。必须详细记录每一分的来历以用于备战和协助现场指挥，还要记录我方和对手每一名队员的扣球路线、扣球区域概率、助攻区位、调整攻区位等，依靠数据分析软件 Data Volleyball 收集的数据生成分析图。这套由意大利人开发的排球数据分析软件，可以输出技术统计数据、制作技术录像，目前已经推广到全世界。有了数据分析软件，教练员对各种扣球线路就了如指掌，可以根据这个数据来安排换人，改变下一局的轮次打法。所以观众经常看到的是，从前面几局经常输球到逐步实现逆转，最后完全摸透对方每名球员的扣球规律、彻底逆转。这最终成就了中国女排的辉煌。

5.1.3 国外经验对我国体育情报发展的启示

本研究将国内外现代体育情报阶段进行比较，发现两者大为不同。由于国外主流体育情报研究较为发达，且为其竞技体育的发展助益良多，所以笔者认为，国外该领域有如下几个方面可以借鉴。

5.1.3.1 建立和完善高水平运动队情报团队

论及竞技体育与体育情报的渊源不得不从美国的竞技体育说起。据一项调查：美国职业体育较发达的职业棒球大联盟（MLB）、国家橄榄球联盟（NFL）、国家冰球联盟（NHL）、职业篮球联赛（NBA）和职业足球大联盟（MLS），这五大职业联盟的135支球队中62%的球队掌握一定竞争情报能力，52%的球队拥有专业情报团队，43%的球队在拥有自己的情报团队的同时也向外购买情报和数据服务[1]。以篮球为例，每支NBA球队都拥有一个专业的情报团队，主要工作内容为：利用高科技手段采集比赛现场实时数据，建立全联盟球员技术数据库和球队战

---

[1] 沙青青. 美国职业体育的情报研究 [J]. 竞争情报, 2012 (3): 30 – 33.

术数据库，收集竞赛环境资料（如场地设施、裁判信息、气候情况、食宿交通、赛场气氛及球迷情况等），为教练员提供竞争情报成果，即应对对手的方案。除各球队拥有自己的情报团队外，还有不少第三方独立研究者和机构从事此方面研究。譬如，著名篮球数据分析师迪恩·奥利弗（Dean Oliver），代表作为 *Basketball on Paper*，他的研究领域涉及攻守转换次数、比赛节奏、球队整体对个人数据的影响以及球员自身创造得分能力的重要性等方面，他提出的篮球成功四大要素（命中率、进攻篮板、罚球和失误）成为分析、评估球员和球队的重要依据[1]。著名篮球数据分析师约翰·霍林格（John Hollinger），1996 年创办了以撰写 NBA 评论和分析 NBA 数据为主的"空中接力"网站，其著作 *Pro Basketball Forecast/Prospectus* 是篮球技术统计分析领域的经典；他独创的"PER"即球员效率值，用以计算球员在比赛中的真实贡献值，如今已被球队及媒体广泛使用，甚至很多数据网站都将 PER 作为球员的常规数据统计指标[2]。又如，2000 年成立的美国协同科技公司将教练员想要的细化数据与每项数据的视频结合在一起，即每项数据都有相应的视频供用户查阅，以期成为"篮球技战术分析领域的 Google"。我国高水平篮球运动队的情报团队建设远不及美国完善，所以应以先进对象为榜样，加强高水平运动队内部的情报团队建设，并联手国内外体育数据分析公司及各大科研机构（主要是高校），共同提升我国各级高水平篮球运动队情报团队的现有状况，从而更好地为我国竞技篮球运动的发展提供科技服务。

5.1.3.2　运用高科技大力支持体育情报工作

随着科学技术的进步，越来越多的高科技手段介入体育领域，使体育竞争情报呈现出越来越高的精确性与即时性。尤其进入 21 世纪以来，高新技术下的比赛现场实时数据采集、统计与分析服务给竞技体育带来了翻天覆地的变化。例如，美国职业棒球大联盟的 Statcast 系统做到了真正为用户提供实时追踪图形化数据分析服务，如球员在挥棒击球的瞬间，该系统能为用户在电脑或电视上描绘出球的飞行轨迹、预测出球的

〔1〕 Oliver D. Basketball on paper [M]. Oxford: Potomac Books, 2004: 29 – 31.

〔2〕 Hollinger J. Pro basketball forecast/prospectus [M]. Oxford: Potomac Books, 2005: 6 – 8.

最终落点，以及速度、距离、球员反应时间等一系列基本信息。任何有前景的技术，必须是建立在以人为本、有助于提高人类生活质量的基础上的，而在"充分利用科技，加速自身发展"这点上，NBA 一直可谓是职业体育中的杰出代表。下面举几个 NBA 的例子：①NBA 官方网站上有专门的统计页面——将 NBA 历史信息以非常便捷的方式提供出来；其技术支持采用的是 SAP HANA 的内存分析数据库，以应对网站数以万计的访问者，大大提高了随机、灵活查询的速度，提供了前所未有的用户体验——对上百个指标的过滤、统计、排序等，并可以定制分析报表[1]。②ShotTracker——改善投篮技术的穿戴设备，该设备通过用户佩戴的护腕、护肘中的芯片与配套的篮网上的感应器计算出投篮者的投篮准度、力度等指标，用户可借助手机 APP 查询投篮数据及分析，进而做针对性训练。③NBA 裁判员的哨子中置有多个传感器，能够保证计时器会随哨子的响起同步暂停；若是恢复比赛，裁判员只需按下身上佩戴设备的按钮便会重新启动计时器，这样就保证了比赛关键时刻的每一秒都能得到相对公平的分配。④360 度全视角回放技术——FreeD，它是通过赛场多台高清摄像机捕捉各个角度影像并将影像资料汇总进行特殊计算，最后为用户提供 3D 全角度影像。⑤还有一些尚未投入使用的高科技，如澳大利亚专家研制出一种类似蜻蜓视野的人造眼睛，这种通过仿生科技研发的工具可以让球员的视野全场 360 度无死角，借此可以让更多组织后卫传出令人啧啧称奇的"no－look pass"（盲传球）；又如，运动医学专家已经可以利用人工制造的生物材料和聚酯纤维等纳米技术修复球员受损韧带，一旦允许这项技术投入使用，很多伤病球员可能会重新复出延续其运动生涯[2]。前文提到数据是竞争情报的有效工具[3]，通过上述例子亦可见，高新技术为数据的采集和分析等方面带来了翻天覆地的变化，越来越多的球队能够用科技手段丰富球队的训练、比赛和管理。我国体育情报工作应该研发与引进先进的数据收集与统计分析设备，提高该领域的科技含量，从而增强对竞争对手、本方球

〔1〕 于浩洋，黄亚玲. "大数据"时代体育何去何从 〔J〕. 山东体育学院学报，2015（2）：5－9.

〔2〕 Goldsberry K. Courtvision：New visual and spatial analytics for the NBA〔C〕. MIT Sloan Sports Analytics Conference，2012：3－6.

〔3〕 缪其浩. 体育与情报 〔J〕. 竞争情报，2008（2）：1.

队、竞争环境三方面的分析能力，这是提升我国竞技体育竞争力的必由之路。著名体育科技网站 sporttechie.com 曾总结过 2015 年科技改变体坛的三股力量——虚拟现实技术、运动追踪技术、运动伤病预防技术，下面本研究将著名的运动追踪技术公司列出（见表 22，前文已谈过的 Catapult Sports、ShotTracker 公司除外），以供国内相关人员参考是否有与下列公司合作的可能，从而完善球队情报体系。

表 22　著名的运动追踪技术公司

公司名称	介绍
Statsports	该公司产品为 Viper 系统，原理是基于 GPS 的定位进行数据分析。目前其客户包括英格兰足球超级联赛的利物浦、曼城、阿森纳，意大利足球甲级联赛的尤文图斯，NBA 的芝加哥公牛队等
FocusMotion	FocusMotion 是一款跨平台操作系统软件开发工具，可以将众多可穿戴设备变成运动追踪器，利用可穿戴设备本身自带的加速度计、陀螺仪、肌电扫描技术和磁强计等来获知用户的具体运动量，并绘制个人运动图谱。由此，运动爱好者能够更加了解自己的生理状况和运动细节，帮助其康复和提升
TuringSense	体育可穿戴设备 TuringSense 公司位于美国硅谷，它打造了一款智能传感器平台 PIVOT，能在无线、无摄像机的环境下完整记录球员全身运动状态，进行实时动作分析并能合成 3D 影像，帮助其提升训练水平、纠正动作细节、有效预防伤病
Athos	该公司成立于 2013 年，拥有一套完整的健身监测系统：健身服加 APP。其健身服运用了 EMG（肌电图）技术，它能够读出肌肉运动时的电活动，从而有效纠正不规范的训练动作，提高训练质量
CoachMePlus	该公司成立于 2013 年，位于美国纽约，目前主要与 NCAA（美国大学体育协会，National Collegiate Athletic Association）等联盟合作。CoachMePlus 是通过网络平台对运动员各项身体数据进行汇总和分析，并把结果发送至教练组，教练通过数据平台了解运动员身体状况和运动状态，从而进行有效管理

注：内容整理自 sporttechie.com。

5.1.3.3　加强从事体育情报工作人员的培养

任何一个行业的发展都离不开专业人才的培养，同样，体育情报工作人员的数量和质量亦影响着该行业的发展。在这一点上，国际上该领域的强国在人才培养和学科建设上做得相对完备。我国体育管理部门及各大高校等机构正在逐渐关注该问题，并做出了一定行动。例如，时任国家体育总局篮球运动管理中心运动队管理部部长的宫鲁鸣于 2013 年指出："篮球运动管理中心经调研后发现，NBA 的每支球队都有专门的数据分析师帮助教练员更好地准备比赛，而 CBA 球队在专业性上尤其是在数据分析方面存在明显不足，仅有一些球队购买了数据分析设备，但并没有配备专门的数据分析人员。各 CBA 球队的数据分析系统和专业分析人员的配备必须在 2013—2014 赛季前完成是硬性要求，这在 CBA 逐步职业化的进程中是非常有必要的一步。"[1]因此，篮球运动管理中心发布了《关于举办 2013 年全国篮球技术支持人员培训班的通知》[2]（2014 年发布的《关于举办 2014 年全国篮球队伍分析师培训班的通知》明确提出培养视频资料编辑分析人才），要求 CBA、WCBA、NBL 等球队于 2013 年 8 月 7 日到武汉体育学院参加全国篮球技术支持人员培训班，技术支持人员的培训以数据、资料的收集、整理、编辑和分析为主，兼做球探的培训，并要球队在新赛季的比赛中将技术人员所获技能加以应用。虽然此次培训效果各方说法不一，但是能够看出篮球运动管理中心已经意识到球队技术支持人才的重要性，并且在政策上积极鼓励球队学习先进技术、引进人才以改善现状。总体来看，当前国内体育情报人才的培养仍属起步阶段，本研究认为可以向国外学习，通过在高校设置相关专业即学术科研路径、在社会上推出相关从业资格认证标准即实践运用路径这两条路径来完善该领域的人才培养机制。

综上所述，本研究认为某些问题的出现总有它的历史渊源，在分析和解决这些问题时需要追根溯源、弄清它的来龙去脉，方能提出符合实际的解决办法。所以，在阐述了国内外体育情报发展状况的大背景后，本研究以篮球运动项目作为切入点，提出改善我国篮球竞赛情报工作现状的路径，即意图通过构建篮球竞争情报系统来顺应前述的国际体育情报发展潮流，以期获得竞争优势、解决我国篮球竞赛情报工作的现有问题。

---

〔1〕 宋翔. 篮协要求各队配数据分析系统 迈职业化重要一步〔EB/OL〕. (2013 - 07 - 15)〔2016 - 02 - 14〕. http://sports.people.com.cn/n/2013/0715/c22149 - 22201637.html.

〔2〕 中国篮球协会. 关于举办 2013 年全国篮球技术支持人员培训班的通知〔EB/OL〕. (2013 - 07 - 05)〔2016 - 02 - 11〕. http://www.cba.gov.cn/.

5.2　篮球竞争情报系统的总体框架

构建篮球竞争情报系统是一项全新的工作，首先需要解决篮球竞争情报系统"是什么"的问题。为此，本章采用系统科学理论、竞争情报理论及专家访谈法等理论与方法，从系统的定义、组分、结构等方面对篮球竞争情报系统进行整体构建，从而分析出篮球竞争情报系统的基本框架。

5.2.1　篮球竞争情报系统的概念界定

5.2.1.1　体育竞争情报

5.2.1.1.1　体育竞争情报的定义

关于体育竞争情报的定义，目前尚处于研究和探讨之中，学界未达成共识，比较有代表性的观点包括：①体育竞争情报是竞赛对手之间为赢得竞争而产生的竞争性的情报需求，即体育竞争情报[1]；②体育竞争情报是一种体育决策情报和体育战略情报[2]；③体育竞争情报是为达到预期比赛结果而需要掌握的对手的相关信息，它是制定比赛策略、布置战术、获得胜利的必要条件[3]；④体育竞争情报是关于体育竞争环境、竞争对手和竞争策略的情报研究，是预测竞技成绩、制定比赛策略、布置竞赛战术和达成预期目标的必要条件[4]；⑤体育竞争情报是一种过程，在此过程中人们用合乎体育道德和职业伦理的方式收集、分析和传播有关体育竞技环境、竞争者和组织本身的准确、相关、具体、及时且具有前瞻性以及可操作性的情报[5]；⑥体育竞争情报是为在体

〔1〕戴尧群.体育竞争情报的特性与体院图书馆功能的拓展 [J].上海体育学院学报，1997，（A00）：98-100.

〔2〕郝树敏.体育竞争情报 [J].情报杂志，1997（6）：58-59.

〔3〕赵敏山.对体育竞争情报系统的构建探讨 [J].现代情报，2004（6）：114-115.

〔4〕张卓熙，陈国瑞.多哈亚运会体育竞争情报运用研究 [J].体育世界，2007（6）：99-100.

〔5〕应中.国家体育竞争情报体系建设研究 [J].图书馆理论与实践，2007（4）：21-23.

育竞技中取胜而获取的与竞技对手以及竞技环境相关的各种信息[1]；⑦体育竞争情报是在体育管理、体育教学、体育科研和训练竞赛等体育事业中，竞争主体为取得和保持竞争优势所进行的一切有关竞争对手、竞争环境和竞争策略的情报研究，为决策者提供可行性方案和分析性情报[2]。

本研究认为，体育竞争情报的概念是"体育情报"和"竞争情报"两个概念相互融合的产物。据此，借鉴体育情报和竞争情报的概念、现有研究中对体育竞争情报概念的界定以及结合自己的认识，本研究给出体育竞争情报的定义是：体育竞争情报是竞争主体为了获得竞争优势而生产的关于竞争对手、竞争环境和组织本身的具有战略意义的分析性情报产品，能直接为决策层的战略管理服务以提高其科学决策能力。体育竞争情报是体育情报的下位概念，是体育情报工作的重大发展，即信息智能化过程，这也是二者之间的本质区别。体育竞争情报、体育情报、体育信息三者之间的关系见图9。

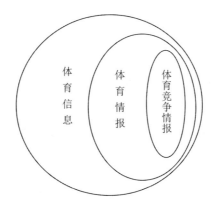

图9　体育竞争情报、体育情报、体育信息三者之间的关系

5.2.1.1.2　体育竞争情报与体育情报的区别

前文已提到体育情报的概念，即体育情报是传播中有特定需求的体育方面的新知识，包括体育管理、体育教学、体育科研和训练竞赛等整

---

［1］　易华通. 论体育竞技中的竞争情报［J］. 科技情报开发与经济，2008，18（12）：93－95.
［2］　刘成. 体育竞争情报及其对我国竞技体育核心竞争力的影响研究［D］. 上海体育学院，2010：18－19.

个体育事业中有用的新知识[1]。体育竞争情报与体育情报之间有明显的区别，主要体现在如下几个方面：①从研究层次来看，体育情报多属于中观和宏观层面的研究，而体育竞争情报多为中观和微观层面的研究。②从研究范围来看，体育情报只是收集情报，涉及面很广，而体育竞争情报则把竞争对手作为核心内容来分析，分析具有针对性，收集范围相对要小。③从情报收集的手段来看，体育情报主要是文献收集，辅之少量的实地收集，而体育竞争情报收集手段灵活多样，包括文献收集、现场收集，甚至采用隐蔽收集等手段而不让竞争对手察觉。④从研究内容来看，体育情报把研究重点放到了文献信息管理上，着重于对文献表征、信息系统设计和信息检索技术的研究，而忽视了对文献内容即信息和知识的分析与研究，或依然停留在"通报""汇报"的较低层次上，而没有着眼于"预报""预测"的高级层次，或无限制地扩大情报学研究的边界而忽视情报内涵的深化[2]；而体育竞争情报则通过情报分析与综合，提炼出对用户有用的知识，为用户的科学决策服务，把情报活动提升为一种高层次的智能活动，注重情报的智能性。

5.2.1.2 篮球竞争情报

5.2.1.2.1 篮球竞争情报的定义

篮球竞争情报（basketball competitive intelligence）是体育竞争情报的下位概念，本研究将其定义为篮球运动队为在竞赛中取得和保持竞争优势而生产的关于竞争对手、本方球队及竞争环境的分析性情报产品，以辅助主教练做决策。具体来讲，篮球竞争情报这件分析性情报产品主要生产于赛前（即备战期间）；产品内容为对竞争对手、本方球队、竞争环境这三个方面的调查与评估，以及根据评估结果提出多个竞赛备选方案（即策略）以供主教练从方案中做出选择。

5.2.1.2.2 篮球竞争情报的特征

篮球竞争情报作为篮球运动队谋求和保持竞争优势的资源，是制胜因素中的一种，除具有信息和情报的一些基本属性（如知识性、传递

〔1〕 熊斗寅. 体育情报与体育科学〔J〕. 体育科学，1984（1）：76–82.
〔2〕 刘成. 体育竞争情报及其对我国竞技体育核心竞争力的影响研究〔D〕. 上海体育学院，2010：11–12.

性、效用性）外，本研究在结合篮球竞争情报概念、篮球竞赛情报工作实际情况和自己的认识后认为其还具有强烈的对抗性、明确的目的性、智能的预测性和严格的保密性。

5.2.1.2.2.1 强烈的对抗性

篮球竞争情报不是竞争对手主动给予的，而是在竞争对手不知道、不协助甚至反对的情况下得到的。篮球竞争情报工作人员不仅要在激烈的竞争中竭尽全力、采用各种合法手段有效地收集情报，而且要采取多种措施保护本队信息，防止竞争对手窃密。因此，篮球竞争情报具有强烈的对抗性。

5.2.1.2.2.2 明确的目的性

篮球竞争情报具有非常明确的目的性。开展篮球竞争情报活动的根本目的就是要通过对竞争对手各方面信息进行收集、分析与研究，为竞争主体提供具有高度指向性的情报服务，协助竞争主体制定战胜竞争对手的策略，以确保竞争主体在未来竞赛中立于不败之地。

5.2.1.2.2.3 智能的预测性

篮球竞争情报既不是简单的信息数据堆砌，也不是纯粹的信息加工，而是注入了篮球竞争情报分析人员创造性的智力劳动。若想在激烈的竞赛中脱颖而出，必须在及时、准确地收集竞争对手信息后做出分析从而为决策服务，而决策是行动之前的活动，因此，篮球竞争情报必须具有预测性，落后于决策的情报没有任何意义。

5.2.1.2.2.4 严格的保密性

篮球竞争情报是决定竞争主体能否在激烈的竞争中克敌制胜的关键因素。为防止竞争情报外泄，篮球竞争情报的保密性特点不仅决定了要对用不正当手段获取竞争情报行为进行防卫，而且决定了对那些利用合法手段获取竞争情报的行为也需要采取防范措施。

5.2.1.3 篮球竞争情报系统

5.2.1.3.1 篮球竞争情报系统的定义

竞争情报的生产与传播是通过篮球竞争情报系统实现的，因此竞争情报系统的建设就成为赢得和发展竞争优势的根本保证[1]。借鉴竞争

---

〔1〕 包昌火，谢新洲. 企业竞争情报系统［M］. 北京：华夏出版社，2002：37－38.

情报理论，结合篮球运动项目特点，本研究将篮球竞争情报系统定义为：篮球竞争情报系统是篮球运动队为了在竞赛中取得和保持竞争优势而建立起来的组织机构和配套的信息运行系统，是通过收集和分析竞争对手、本方球队和竞争环境信息后生产出的篮球竞争情报来辅助主教练决策的决策辅助系统（decision support system）。所谓信息运行系统，是指生产与传递篮球竞争情报的运作系统，由收集子系统、分析子系统和服务子系统组成；所谓组织机构，则是信息运行系统的运作实体。也就是说，整个系统包括运作实体和运作系统两大部分，可以简单概括为"一个中心、三个子系统"。需要强调的是，虽然"篮球竞争情报系统=运作实体+运作系统"，但本研究由于时间和篇幅限制等因素，仅以运作系统的研究为重点。所以，我们这里所说的"篮球竞争情报系统"就是"运作系统"，即"篮球竞争情报系统≈运作系统"。

5.2.1.3.2　篮球竞争情报系统的特征

篮球竞争情报系统简单来说就是负责篮球竞争情报的加工与传递的组织体系和信息系统，其根本目的是为教练员在训练、比赛中的决策提供依据，以帮助运动员在激烈的竞赛中获取优势。研究认为，理想的篮球竞争情报系统应具有以下特征：①它是一个管理系统，分别由收集、分析和服务三个子系统分阶段地对情报信息进行管理和监控。②它是一个知识系统，在该系统中情报最终会被分析成决策者所需要的确切知识并存储在系统的知识仓库中。因此，它的发展与信息技术和知识管理的进步密切相关。③它是一个人机系统，人的操作和控制在系统运行中始终起着重要作用，人的智能永远是该系统的核心因素。④它是一个开放系统，系统中的模块可以根据用户的实际需要随时增删和修改，系统留有一定的接口与相关系统挂接和相连，与外界环境始终保持密切联系。⑤它是一个策略系统，是通过信息资源的开发与利用来为篮球运动队竞赛决策提供服务的策略应用系统。

5.2.2　篮球竞争情报系统的构建原则

一个完善、理想的篮球竞争情报系统相当于球队的"中央情报局"，是开展篮球竞争情报工作的物质基础和组织保障。依据竞争情报构建原则和高水平篮球运动队实际情况，本研究认为，建立一个合理有效的篮球竞争情报系统需要遵循以下几个基本原则。

5.2.2.1 针对性原则

这项原则包括两方面的含义：一是要针对球队特点和需求确定情报工作重点。篮球竞争情报工作不能面面俱到，否则既浪费资源又分散精力。应先集中力量做好球队最需要竞争情报的领域的情报工作，然后再以此为基础逐渐扩展工作范围，以确保其工作质量。二是篮球竞争情报系统提供的情报成果应具有高度的针对性，冗余情报太多势必会影响其辅助决策的效果。可以收集尽可能多的情报，但必须采用各种分析手段深入挖掘真正适合球队发展的竞争情报，切中要害，帮助球队弥补劣势、获取竞争优势。

5.2.2.2 及时性原则

篮球竞争情报系统的快速反应能力是篮球竞争情报系统的制胜关键。及时捕捉和生产最新的情报并尽快传递给决策者，以发挥篮球竞争情报的最大价值，辅助球队决策层管理战略和教练员竞争策略的制定与实施。

5.2.2.3 经济性原则

经济性原则是指在建设球队篮球竞争情报系统时需要考虑球队财政状况、人力资源、投资回报率等情况，力图以相对较少的投入获得相对较多的效益产出，即一方面节省整个系统运行过程中的费用，另一方面在一定的投入下使竞争情报获得最高效率的利用。

5.2.2.4 客观性原则

篮球竞争情报是篮球竞争情报系统生产的产品，最终将用于球队决策层的竞争决策，因而来不得半点虚假和马虎。因此，篮球竞争情报系统从篮球竞争情报的收集、分析到提供服务都必须保证其客观性。

5.2.3 篮球竞争情报系统的结构

前文的立论基础部分提到，若一个对象集合中至少有两个可以区分的对象，所有对象按照可以辨认的特有方式联系在一起，就称该集合为一个系统；集合中包含的对象称为系统的组分，组分及组分之间关联方式的总和称为系统的结构[1]。由此可见，篮球竞争情报系统各组分之间的关联方式就是篮球竞争情报系统的结构。所以，本研究将会在下文针对上述关系进行剖析，以刻画篮球竞争情报系统的结构。

5.2.3.1 篮球竞争情报系统的组分

根据系统论的观点，当系统的元素数量很多、彼此差异不可忽略时，不能再按照单一模式整合元素，需要划分为不同的部分分别按照各自模式进行组织，之后再把各部分整合为整系统。一种最简单的情形是，由于系统规模太大，必须对元素分片管理，因而把整系统分为若干子系统。若子系统是按照它们在整系统中的不同功能划分出来，并按照各自的功能互相作用、共同维持系统整体的生存发展，就把功能子系统的划分及其相互关联方式称为系统的功能结构[2]。本研究是按照篮球竞争情报系统中的不同功能划分的各个子系统，即从篮球竞争情报系统的业务流程角度出发，参考竞争情报系统理论的功能子系统划分、篮球竞赛情报工作实际情况以及听取专家建议，认为篮球竞争情报系统的组分为篮球竞争情报收集子系统、篮球竞争情报分析子系统和篮球竞争情报服务子系统。篮球竞争情报收集和分析子系统主要从事竞争情报的加工制造，服务子系统则从事情报产品的包装以及与服务对象合理对接的产品传递工作。

5.2.3.1.1 篮球竞争情报收集子系统

篮球竞争情报收集子系统是整个系统的输入系统，是竞争情报工作的基础，其工作质量和速度决定着整个篮球竞争情报系统的效能和效益。该系统的主要工作是根据用户的情报需求，在确定信息收集内容、收集渠道和收集方法后进行收集，之后对所获信息进行初步整理，存储在"目标数据库"（目标数据库的主要功能在于根据一次特定的竞争情报分析任务，将采集到的竞争信息进行汇集与组织）中以备分析阶段使用。篮球竞争情报收集子系统的基本框架见图10。

〔1〕 陈禹. 系统科学与方法概论 [M]. 北京：中国人民大学出版社，2006：31-32.
〔2〕 苗东升. 系统科学精要 [M]. 北京：中国人民大学出版社，2010：17.

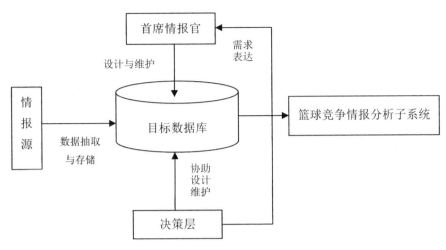

图10 篮球竞争情报收集子系统的基本框架

5.2.3.1.2 篮球竞争情报分析子系统

篮球竞争情报分析子系统为整个系统的核心，是篮球竞争情报的"制造车间"。该子系统是以人的智能为主导，采用人工分析与智能分析系统（即辅助分析软件工具）相结合的方式对收集子系统所获信息进行鉴别和验证、有序化组织以及分析，从而生产出真正有效用的篮球竞争情报。篮球竞争情报分析子系统的基本框架见图11。

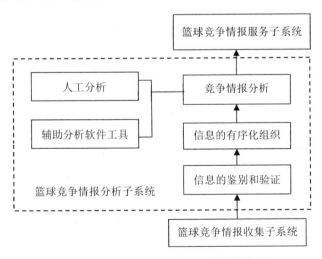

图11 篮球竞争情报分析子系统的基本框架

5.2.3.1.3 篮球竞争情报服务子系统

篮球竞争情报服务子系统是篮球竞争情报系统的输出系统，其主要功能为根据教练员及球队其他人员的需求，动态地为其提供情报产品。因此，该子系统的高效与否直接关系到篮球竞争情报系统的成败。该子系统是整个篮球竞争情报系统工作过程的目的所在，其最终目的就是向球队决策者提供智力支持。为了更好地完成该子系统的使命，应该针对特殊背景用户和特定用户的特定需求，及时地将不同形式的情报产品准确有效地传递给所需用户。篮球竞争情报服务内容体系及服务对象见图12。

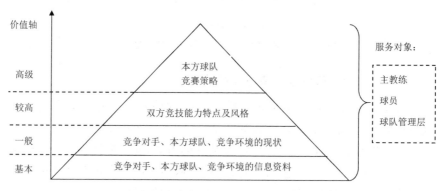

图12 分层次的篮球竞争情报服务内容体系及服务对象

5.2.3.2 篮球竞争情报系统组分的关联方式

系统学是关于整体涌现性的基础科学理论[1]。整体涌现性是指整体才具有、孤立部分及其总和不具有的特性。就系统自身看，整体涌现性主要是由其组分按照系统的结构方式相互联系、相互制约而激发出来的，是一种组分之间的相干效应[2]。不同的结构方式产生不同的整体涌现性，比如，同样原子成分按照不同结构方式经过化学反应形成性质不同的分子；同样成员组成的企业按照不同的方式组织管理产生截然不同的生产效益。系统一般由元素层次和系统整体层次组成，元素之间的相互作用涌现出整体特性。所以，本研究将篮球竞争情报系统大致分为

---

〔1〕 苗东升. 系统科学精要［M］. 北京：中国人民大学出版社，2010：39.

〔2〕 王劲松. 涌现——塑造公共政策执行初始状态的一个重要目标［J］. 当代财经，2003（7）：21-26.

两个方向的关系：纵向和横向。纵向是指篮球竞争情报系统层面（高层次）与子系统层面（低层次）的关系，横向是指各个子系统之间（同一层次）的关系，篮球竞争情报系统正是由于各子系统的合理整合而产生整体涌现性。下面将阐述篮球竞争情报系统内部的横向关系。

本部分采用"耦合"一词来描述篮球竞争情报各个子系统的关联方式。耦合原是一个物理基本概念，是指两个或两个以上的系统或运动方式之间相互作用以致联合起来的现象。简而言之，耦合就是在各子系统之间的互动下，通过物质、能量和信息的交换而产生的相互约束、协调的动态关联[1]。把物理学概念引入本研究，将篮球竞争情报三个子系统有机联合起来研究，它们之间相互作用、相互制约、相互影响、相互促进等关联方式的总和即为耦合关系。将篮球竞争情报收集、分析和服务子系统三者之间的耦合关系用金字塔形层级关系表示，则是纵向的由低到高、环环相扣的信息传递。如图13所示，篮球竞争情报收集子系统位于塔的最底层，篮球竞争情报分析子系统和篮球竞争情报服务子系统分别构成了该塔的中间层和最高层。具体的信息传递流程为：收集子系统根据首席情报官确立的情报主题进行信息收集，之后初步整理所获信息，同时做好资料保管和定期归档等前期工作；分析子系统则采用恰当的方法分析收集子系统所获信息，生产出所需要的分析性情报产品；最后由服务子系统以用户喜欢的方式对产品进行包装，并将其及时输送至各个用户手中。

图13　竞争情报子系统金字塔
（收集、分析、服务三个工作流程呈金字塔形层级关系）

---

〔1〕　谢洪伟. 大型体育赛事与城市发展耦合研究〔D〕. 北京体育大学，2013：46.

5.2.4 篮球竞争情报系统的运行

5.2.4.1 篮球竞争情报系统的运作实体——篮球竞争情报中心

本研究参考竞争情报系统理论并结合篮球竞赛情报工作实践，认为篮球竞争情报系统的运作实体是篮球运动队的情报机构，本研究称之为"篮球竞争情报中心"（competitive intelligence center，CIC），是篮球竞争情报系统的运行和控制中心，即该组织机构是虚拟系统（信息运行系统——收集、分析、服务子系统）的支撑实体。从信息系统工作流程来看，该组织机构的主要工作为收集、分析、服务三大方面；从具体工作种类来看，该组织机构主要有录像剪辑工作、技战术分析工作、球探工作、数据分析工作。目前，国内一些高水平篮球运动队中的科研工作团队就相当于一个篮球竞争情报中心。所谓篮球科研工作，就是指技战术分析工作、球探工作、录像剪辑工作、数据分析工作，而从事科研工作的人员则统称为篮球科研工作者或篮球科研教练（也有称为情报分析人员）。具体来讲，现代高水平篮球运动队中的分工着实已非常细化，以职业化程度最高的 NBA 为例，一般一支 NBA 球队的篮球教练组（basketball operation）中通常包括助理教练（assistant coach）、高级球探（senior scout）、录像分析员（video coordinator）、体能教练（strength & conditioning coach）、体能训练师（athletic trainer），部分球队中还会有球探协调员（coordinator of scout）、助理录像协调分析师（assistant video coordinator）、体能助理教练（assistant strength & conditioning coach）、运动员发展教练（player development）等。然而，虽然我国目前各级国家队及各职业俱乐部的教练团队配置日趋成熟，但由于职业化程度有限、专业人才供应匮乏，很多球队出现了一人兼任多个职位的情况[1]（CBA 各球队教练组成员人数及分工情况见表23）。所以，新疆广汇队篮球科研教练、北京体育大学博士研究生严元哲在 2013 年参与撰写的北京体育大学校庆教材《篮球运动教程》中指出，篮球科研教练就是集篮球录像剪辑、技战术分析、球探、数据分析等工作为一体，精通计算机、互联网、英语等工具，为主教练提供大量有效信息，辅助球队训

---

[1]《篮球运动教程》编写组. 篮球运动教程 [M]. 北京：北京体育大学出版社，2013：17.

练及比赛的综合型人才。

表23 CBA各球队教练组成员人数及分工情况一览表

球队	领队	球队管理	教练员	助理教练员	体能教练	翻译	队医	技术分析	科研教练
北京首钢	1	0	1	2	0	1	2	0	0
辽宁药都本溪	1	0	1	2	1	0	2	0	0
广东东莞银行	1	0	1	2	1	1	1	0	0
青岛双星	1	1	1	2	1	1	0	0	0
九台农商银行	1	1	1	1	1	1	1	1	0
山西汾酒股份	1	0	1	2	1	1	0	0	0
浙江广厦控股	1	1	1	2	1	1	0	0	0
深圳马可波罗	1	0	1	2	1	1	1	0	0
天山农商银行	1	1	1	3	0	0	1	0	0
佛山农商银行	1	1	1	1	1	1	1	0	0
山东高速	1	0	1	3	1	1	0	0	0
上海大鲨鱼	1	1	2	2	1	1	1	0	0
天津融宝支付	1	1	1	1	1	1	1	0	0
江苏肯帝亚	1	1	1	2	1	1	1	0	0
浙江稠州银行	1	1	1	2	1	1	1	0	0
福建泉州银行	1	0	1	1	1	1	1	0	1
江苏同曦	1	1	1	1	1	1	1	0	0
四川金强	1	1	1	2	1	1	1	0	0
八一双鹿电池	1	1	1	2	1	1	1	0	0
北京北控水务	1	1	1	1	1	1	1	0	0

注：数据源于《2015—2016赛季中国男子篮球职业联赛官方手册》（教练组成员分工以各球队在官方秩序册上的登记为准）。

综上所述，本研究认为篮球竞争情报中心主要由篮球科研教练组成，业务流程大致为竞争情报收集、分析与服务，具体涉及录像剪辑、技战术分析、球探、数据分析等几项工作（篮球竞争情报中心的整体框架见图14）。下面通过阐释篮球竞争情报中心的具体工作种类或职务来揭示该组织的实质。

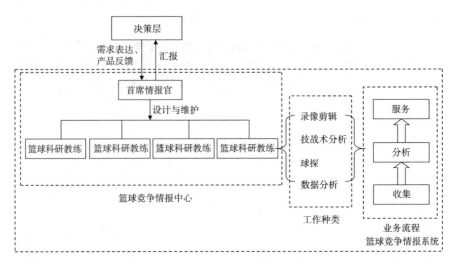

图14　篮球竞争情报中心的整体框架

5.2.4.1.1　首席情报官

竞争情报理论认为，CIO（首席情报官或称信息主管，competitive intelligence officer）既是企业竞争情报系统组织网络中的重要一环，也是信息网络的关键组成部分；他既是企业竞争情报中心的主管，同时还要参与企业整个业务的核心层和经营决策[1]。借鉴竞争情报理论并结合我国高水平篮球运动队竞赛情报实际情况，本研究认为球队中应同样设置"首席情报官"一职，他既是篮球竞争情报中心的主管，负责篮球竞争情报系统的运行、工作计划等的制订和管理，又要参与球队的核心决策。

5.2.4.1.2　录像剪辑

篮球录像剪辑是指视频分析师将获取的视频利用专业分析软件，根据设置好的统计指标进行视频的标记，然后分类汇总制成所需的视频集锦（scouting video）的工作。该项工作又被称为"视频分析"，因为视频剪辑与剪辑后的技战术分析往往是分不开的。视频分析（video analysis）和数据分析（data analysis）是体育情报工作的重要组成部分，是近年来国际体育科研的热点。我国于2004年前后在高水平篮球运动队中设置视频分析岗位。2013年8月，篮球运动管理中心与武汉体育学

---

〔1〕　赵蓉英. 竞争情报学〔M〕. 北京：科学出版社，2015：31.

院共同举办了首届全国篮球队伍视频分析师培训班，标志着我国在高水平篮球运动队科技服务上迈出了关键一步。视频分析工作服务于国内外高水平篮球运动队的具体流程见表24，球队视频分析人员的大体工作流程见图15。

表24　视频分析工作服务于球队的流程

职业联盟	视频分析工作服务于球队的流程
CBA	CBA各球队的视频分析人员有限，且赛程比较紧（一周三赛），所以球队的视频分析师会选择性地剪辑下一场对手的比赛视频，比如，除了将对手最近的两场比赛（比分较接近、对抗水平较高的比赛）进行剪辑外，也会剪辑本队上次与对手比赛的视频以供教练员参考。视频分析师会在前一天白天将2~3场比赛视频剪辑好，包括对方球员的个人特点、阵地进攻（进攻盯人和联防）、攻守转换、边底线球、防守变化、轮转换位等。球队的下午训练结束后，在晚上会有一个20分钟左右的视频会，观看对方球员的个人特点、对手主要的战术等内容以加深印象。主教练在视频会后会观看一场对手最新的全场比赛，以及他们想要在比赛前给队员看的内容，如进攻联防、攻守转换片段、对方全场区域紧逼发动的时机等，然后提出一些建议；教练组也会同时商议防守对方主要球员和进攻方式的策略。比赛日晚上准备会时播放对方主要的阵地进攻配合视频，教练对防守策略再次进行讲解
NBA	得到比赛录像后，视频组利用软件将比赛切成一个个片段，每个片段都被归类，如进攻、防守、战术、失误、前场篮板等。教练组从中挑出想看的片段，比如，在与快船队比赛前将所有包含克里斯·保罗（Chris Paul，2011—2017年效力于快船队）挡拆配合动作的视频剪辑出来给全部教练员和队员看，或只给负责防守保罗的球员看，以加深印象、找到防守方法。比赛前一天，把包含20~25个固定配合的片段在视频会上连续播放10~15分钟。了解对手一些典型的进攻模式后，一起快速讨论这支球队的风格，然后带着问题和对对手的直观印象去训练。比赛日的早晨，在摆战术、投篮这样的适应场地内容之前，队伍要看一遍不同于前一天的视频剪辑，如包含攻守转换的进攻、阵地进攻、边底线球、防守等内容的视频。赛前还要看10~15分钟的视频片段，这里主要包括对手最新的比赛以及我方上一次对阵他们的比赛，视频剪辑应该包括所有的本队防守重点球员的挡拆或包夹片段等，也应包含对手进攻我方的防守策略，如暂停后突然变成联防等。赛后，全场比赛录像和剪辑好的录像会提供给教练员和球员，让其用视频来总结、分析比赛中出现的问题

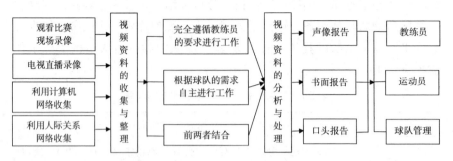

图 15　球队视频分析人员工作流程示意图

5.2.4.1.3　技战术分析

在技术分析方面，掌握本队球员和竞争对手的个人技术特点，是设计出用我方强点打对方弱点的针对性战术的基础。目前，国内分析球员技术特点时主要从如下几个方面进行。①得分方式：跳投、背身单打、前场篮板二次进攻、空切、手递手、无球掩护、挡拆、综合等；②得分区域：可简单地划分为近距离、中距离和远距离，也可根据需求绘制出不同的得分区域；③配合能力：助攻、补防、协防能力及与球队的化学反应（可以用 +/– 值，即场上净胜分来量化）等；④防守能力：盖帽、抢断、干扰、卡位、1 对 1 防守和轮转换位等；⑤篮板能力：前场篮板、后场篮板；⑥积极性：进攻跑位、回防、防守侵略性、篮板球拼抢等是否积极有效以及在替补席时的专注度（关注场上情况、随时准备上场、给队友加油鼓劲等）；⑦心理素质和经验：关键时刻是否能承担球队的责任、比分落后时的积极性、不放弃的精神以及犯规的时机和方式、投篮机会的把握等细节处理。以分析得分区域为例，根据需要划分得分区域后，研究出竞争对手的主要得分区域便可在赛前做出具有针对性的防守布置。

在战术分析方面，篮球战术分析由以前单纯地看对方路线，转变为观察对方的习惯攻击方式、把握战术设计创造出的机会以及研究对方的优势等。每支球队都有自己擅长的战术打法和风格，这是根据球员的特点来设计和产生的。一支球队的风格体现在进攻时是否喜欢打攻守转换，是否喜欢打挡拆（高位挡拆、边路挡拆），是否有很多固定配合等；防守时是否用联防，罚球后或进球后是否全场防守（包夹、延缓对方节奏）等。竞争情报分析人员必须熟知竞争对手的战术风格，此外，更重要的是，分析和掌握竞争对手的防守和进攻体系，才能让情报分析更加清晰、有效。在分析结果、得出结论后还要撰写分析报告、剪辑出相应视频，其中要利用 Fastdraw、Basketball Playbook 等软件将战术移动路线绘制成图。

5.2.4.1.4 球探

中文"球探"一词其实包含两层含义：一是"scouting"，直译为"寻找、侦察；物色（优秀运动员、演员、音乐家等）"，意译为"球探工作"；二是"scout"，直译为"侦察员"，意译为"从事球探工作的人员"（如今在 NBA 各项工作愈发细化的环境下，"scout"这个称谓其实包括了许多不同工种，见表 25）。本研究在此部分选取的研究对象为前者，即球探工作。球探工作可以由本队情报人员担任，也可以聘请本团队之外的专业球探。工作任务主要是提供竞争对手的球探报告，具体来讲是通过视频分析、实地考察等方式收集情报，分析对手战术打法和球员技术特点以及评价本队球员技战术能力，从而协助主教练制定出本队战术方案；同时还在比赛和训练中考察和发掘具有天赋和潜力的适龄球员，为球队招募新球员提供支持和保障。优秀的球探是篮球领域的专家，对篮球有自己的独到见解，且在对问题进行判断时会非常注重自己的主观感受。球探工作时所采用的方法主要包括视频分析法和直接观察法。上文已经对视频分析进行了阐述，下面讲一下直接观察法。现场观看比赛或训练是观察本队和竞争对手的最好方法，分析球员的指标主要包括动作是否流畅且有目的、习惯的接球位置与方式、运球能力、投篮、防守态度、积极性、场下行为等。例如，观察一名球员在替补席的表现，可以发现他是否一直专注于比赛、是否是一名团队球员；观察球队时，则主要从进攻与防守方式、优势与弱点等方面入手。掌握对方球队的篮球理念（进攻和防守的主要原则）可以让球探工作事半功倍（球探工作的基本原则见表 26）。此外，在全球范围内发掘具有天赋和潜力的球员时，还需要找机会与球员交流，了解其内心的想法、篮球哲学等，才能得到更全面的评估结果。

表 25　NBA 球探类型

球探类型	主要工作内容
高级球探	负责帮球队考察接下来的一个或几个对手，然后给出足够准确的分析报告，帮助球队抓住对方弱点，赢得比赛胜利
职业球探	主要是考察可能涉及交易的球员、自由球员、选秀球员以及 NBA 发展联盟球员，即直接投入使用的成品或准成品
大学球探	球探的原始版本。但由于现在 NCAA 转播无比发达，球员又往往会选择提前参选，球探挖到宝的难度越来越大
国际球探	主要工作是去欧洲次级联赛、篮球水平欠发达地区联赛或者 CBA 等联赛，考察一个罕有人知的球员

表 26　球探工作的基本原则

基本原则	内容
以个人和球队为出发点，了解对手的优势和弱点	每个球探收集比赛资料的方式不同，有的通过录像、有的用电脑软件进行记录与评估。其实方式并不是那么重要，只要能得到想要的信息即可
了解对手主要的进攻与防守方式	每支球队都有主要的进攻与防守方式，如中国队的移动进攻（motion offense），洛杉矶湖人队的三角进攻（triangle offense）。了解对手的篮球哲学可以让备战事半功倍，更具有针对性
让球队在心理上做好准备	好的球探报告会让球员感觉准备很充分，有助于其建立信心。教练和球员需要了解对手在哪个方面比较出众（如极快的速度、频繁的跑动、精准的投篮）；同样也要了解对手的战术和策略，如紧逼防守、拖延时间战术等；了解对手的特殊打法，以及在特殊时刻对手可能使用的战术，如界外球战术等
准备克制对手的打法	必须通过执行特定的打法来阻止对手得分
战术策略的制定	主要的战术策略不应该规定得过于死板，这样就不能根据所了解的对手情况做出相应的调整。其实球探报告只是扩大了比赛最后的目标范围，必须为比赛可能出现的任何情况做好准备

5.2.4.1.5　数据分析

数据分析是指用适当的统计分析方法对收集来的大量数据进行分析，提取有用信息并形成结论而对数据加以详细研究和概括总结的过程[1]。目前，我国将统计学方法应用于篮球技战术分析的现象主要集中于学术科研上，但在高水平球队的实际应用中则是以经验分析为主，辅以用简单的统计方法得来的技术统计数据作为参考。而 NBA 已经进入"数据分析时代"，2008 年整个联盟 30 支球队中只有 5 支雇用了数据分析师（在此之前，数据分析师是一个闻所未闻的头衔）；在 2009—2011 年数据分析师人数稳定增长，到了 2012 年则陡增至 22 人（2012 年之前 NBA 球队雇用数据分析师的情况见表 27）；2016 年共有 65 名数据分析师在 NBA 工作，每支球队至少雇用了一名[2]。可见，NBA 各队非常倚重技战术的量化分析。举一个例子，整个联盟的三分球出手数在逐年增加，究其原因是在数据分析师的眼里三分球是更有效率的进攻手段。所以，NBA 在进入"数据分析时代"的同时也进入了"三分球时代"（见表 28）。

表 27　2012 年之前雇用与没雇用数据分析师的 NBA 球队

早期采用者（2012 年之前至少雇用一名数据分析师的球队）	后期采用者（2012 年之前没有雇用数据分析师的球队）
波士顿凯尔特人队（Boston Celtics）	布鲁克林篮网队（Brooklyn Nets）
达拉斯小牛队（Dallas Mavericks）	夏洛特黄蜂队（Charlotte Hornets）
休斯顿火箭队（Houston Rockets）	洛杉矶快船队（Los Angeles Clippers）
迈阿密热火队（Miami Heat）	洛杉矶湖人队（Los Angeles Lakers）
费城 76 人队（Philadelphia 76ers）	明尼苏达森林狼队（Minnesota Timberwolves）
亚特兰大老鹰队（Atlanta Hawks）	新奥尔良鹈鹕队（New Orleans Pelicans）
芝加哥公牛队（Chicago Bulls）	奥兰多魔术队（Orlando Magic）
克利夫兰骑士队（Cleveland Cavaliers）	菲尼克斯太阳队（Phoenix Suns）
底特律活塞队（Detroit Pistons）	萨克拉门托国王队（Sacramento Kings）
金州勇士队（Golden State Warriors）	多伦多猛龙队（Toronto Raptors）
印第安纳步行者队（Indiana Pacers）	
孟菲斯灰熊队（Memphis Grizzlies）	
密尔沃基雄鹿队（Milwaukee Bucks）	
纽约尼克斯队（New York Knicks）	

[1]　张雄，关长亮，姜新涛，等. 基于某矿山磨矿过程专家系统的应用[J]. 现代矿业，2015（5）：56-59.
[2]　姚伟强. 数据分析师"入侵"NBA 管理层　这年头玩篮球也得高智商[EB/OL].（2016-11-01）[2016-11-04]. http://www.jiemian.com/article/931198.html.

早期采用者（2012年之前至少雇用一名数据分析师的球队）	后期采用者（2012年之前没有雇用数据分析师的球队）
俄克拉荷马城雷霆队（Oklahoma City Thunder）	
圣安东尼奥马刺队（San Antonio Spurs）	
犹他爵士队（Utah Jazz）	
华盛顿奇才队（Washington Wizards）	
波特兰开拓者队（Portland Trail Blazers）	
丹佛掘金队（Denver Nuggets）	

表28　NBA三分球出手及命中率情况

赛季	三分球出手比重	三分球命中数第一的球队	三分球出手数	三分球命中数
1980—1981	2.3%			
1985—1986	3.8%			
1990—1991	8.2%			
1995—1996	20.0%			
2001—2002	18.1%	波士顿凯尔特人	1946	699
2003—2004	18.7%	西雅图超音速	1936	723
2005—2006	20.2%	菲尼克斯太阳	2097	837
2007—2008	22.2%	奥兰多魔术	2074	801
2009—2010	22.2%	奥兰多魔术	2241	841
2011—2012	22.6%	奥兰多魔术	1785	670
2013—2014	25.9%	休斯顿火箭	2179	799
2015—2016	28.5%	金州勇士	2592	1077

注：数据源自NBA官网；2011—2012赛季是缩水赛季，少打16场比赛。

5.2.4.2　篮球竞争情报系统的运行流程

篮球竞争情报系统是在"一个中心、三个子系统"下展开运作的，其运行流程与篮球竞争情报各个子系统的关联方式很相似。具体的信息运行流程为：首席情报官根据主教练表达的情报需求确立情报课题，并进行规划与定向（包括工作计划、篮球科研教练的任务布置等），做到有的放矢；然后了解情报信息来源，同时在结合自身情况选择合适的信息收集途径和手段后进行信息的采集工作，并做出初步筛选，做好文件、记录等资料的保管及定期归档工作。之后应用恰当的分析方法与技术，深入分析竞争情报收集子系统收集的信息，对其进行加工处理，使篮球竞争信息资料转化为篮球竞争情报。最后，以各种恰当的方式包装篮球竞争情报产品，及时将产品传送到情报用户手中，并为主教练提供快捷、友好的浏览和查询服务；同时为球员和球队管理层提供情报服务。

5.2.5　篮球竞争情报系统的功能

功能是系统整体涌现性的体现，是构建合理的系统并进行正常运转后为实现特定目标而表现出来的作用。换言之，功能是系统的行为对其功能对象生存发展所做的贡献[1]，构建系统的终极目的正是获得其功能。从前面的论述可以看出，篮球竞争情报系统实则是竞争情报的收集、分析处理及提供服务的信息系统，是球队的"中央情报局""智囊团""思想库"。研究认为，构建合理的篮球竞争情报系统能够发挥如下几方面的功效。

5.2.5.1　竞争对手的跟踪

竞争对手跟踪的目的就是了解每个竞争对手的战略和目标，评估其优、劣势及竞争反应模式，从而制定本方竞争策略。对竞争对手进行跟踪，就是要对特定的竞争对手进行持续、全面的信息收集和处理，综合历史和最新发展动态，对竞争对手情况进行全面分析。竞争对手跟踪是竞争对手分析的前奏、基础和重要内容，没有有效的竞争对手跟踪，就不能进行高效的竞争对手分析。竞争对手分析是竞争情报系统的核心内容，通过竞争对手跟踪阶段获取的大量相关资料，利用相关分析方法，从而更全面地了解竞争对手的优势和劣势、评估竞争对手的能力、了解竞争对手的战略和目标，对其目前状态和未来趋势做出判断和评价，预测竞争对手可能采取的行动，从而制订出应对计划。

5.2.5.2　竞争环境的监视

随着现代竞技篮球比赛的日益激烈，竞争环境也随之越来越复杂且

---

〔1〕 张伟成，肖连斌. 从系统科学原理构建农村金融生态系统［J］. 企业经济，2008（3）：141－144.

对比赛结果影响越来越大。因此，球队要想在复杂动荡的环境中站稳脚跟、洞悉未来，就必须全面准确地对竞争环境进行监视，如比赛地理位置概况、比赛场地与设施条件、赴比赛场地的交通情况、比赛地食宿、赛场气氛及球迷的情况、篮球规则、裁判员等因素，从而及时、主动地对变化的环境做出积极正确的反应，方能求得生存与发展。而篮球竞争情报系统能够及时地监视并跟踪竞争环境的变化。

5.2.5.3　竞争策略的制定

策略是球队谋求和保持竞争优势的整套作战方案，包括目标与原则、攻防战术与方法等。科学地制定竞争策略是球队在赛场上成功的关键。竞争策略的制定是基于对球队内部情况和外部环境的掌握，为在竞争中获得全局性、持续性的生存和发展想出对策。不论是战略决策还是战术决策，篮球竞争情报系统都会为决策层的科学决策提供重要的依据，即球队的战略规划及其各项竞训活动的开展都需要篮球竞争情报系统提供强有力的智力支持、情报保障。

5.2.5.4　信息安全的保障

对于一支球队而言，在法律与职业道德所允许的范围内，既要千方百计地获取球队内外的情报，又要对所获得的信息及自身内部的信息采取一定的安全措施，对其进行有效的保护。这是日益激烈的竞技比赛中球队面临的重大情报课题，也就是情报与反情报技术。针对这一问题，篮球竞争情报系统会发挥自身优势，做好反竞争情报工作，技术上构建一个完善的安全体系，管理上在球队中宣传保密的重要性及方法；一旦泄密事件发生，能够协作做好善后工作，将损失降到最少。

5.2.5.5　前沿训练理念与方法的跟踪

篮球竞争情报系统能够为球队收集最新技术流派发展方向、新的训练与竞赛理念和方法，帮助球队获取对球队发展有用的理论知识、实战经验和失利教训，为球队未来发展提供参照标准。在收集和分析竞赛对手情报的过程中，球队可以进行榜样比较，借鉴和学习最新的训练和竞赛的成功案例，促进新的竞训思想、新的竞训方法和新知识的创造与交流。跟踪前沿知识的核心是通过知识的获取和交流实现知识的有效利用和创造，使可获得的公共知识成为球队的专有知识，进而成为球队取得竞赛优势的源泉。

5.3 篮球竞争情报收集子系统

构建各子系统与构建篮球竞争情报系统一样，都是遵循系统论的观点，从系统的组分、结构、运行及功能几个维度展开建设。由于本研究是以篮球竞争情报系统的业务流程为切入点划分出的功能子系统，所以下面先从篮球竞争情报收集子系统的建设说起。

5.3.1 篮球竞争情报收集子系统的构建原则

本研究认为篮球竞争情报收集子系统的构建应该符合真、多、准和快的原则。

5.3.1.1 真

"真"包括真实、准确、完整。真实，指信息的有无，收集到的信息必须是真正发生的，或者是真正可能发生的。准确，指信息内容表达的程度，收集到的真实信息的表述应该是确切无误的。完整，指信息内部组成的程度，收集到的信息应该是完整无缺的。不真实、不准确、不完整的信息会导致决策失误，给球队带来损失。

5.3.1.2 多

"多"是指所收集信息的"量"及其内容的"系统、连续"。"量"是指应以较少的时间收集到比较多的信息，工作效率很高。"系统、连续"是指收集到的若干信息应是自成系统的、连续的。信息的系统性、连续性越强，其情报价值越高。

5.3.1.3 准

"准"又称针对性，包括"适用、相关"。"适用"指的是所收集内容要与竞争情报工作的需求相关。但是在实际的情报信息收集过程中，要当场判断该信息是否"适用"有时会有一定的困难。所以，情报收集还应该以"相关"为要求。"相关"是指内容上相关，即在采集信息时往往还不能马上判断是否有用，但是可以判断是否相关，如若相关就可以暂时保留这一信息而不必放弃，以免丢失了有用的信息。

5.3.1.4 快

"快"即是"及时"，收集某一任务需要的全部信息所花费的时间越短越好。如球队情报人员一旦接到某一项任务后，必须立即从指标库中寻找能解决该问题的指标，并迅速收集相应数据，否则信息不及时到位也会影响主教练决策。

5.3.2 篮球竞争情报收集子系统的组分

实践是人类能动地改造和探索现实世界一切客观物质的社会性活动，其基本构成要素为实践主体、实践客体和实践手段。篮球竞争情报收集子系统的工作本质属于实践活动，所以，本研究依据实践三要素并听取专家建议确立了篮球竞争情报收集子系统组分（本研究其余几个子系统皆以此方法确定组分）：实践主体——篮球竞争情报中心；实践客体——竞争情报收集内容；实践手段——竞争情报收集方法、竞争情报收集渠道（信息源）。由于篮球竞争情报中心在前文已经进行了统一阐述，所以对子系统组分的分析只需对除实践主体之外的组分进行讨论。

5.3.2.1 竞争情报收集内容

收集内容是指篮球竞争情报收集子系统在竞争情报工作中的收集对象，是用以生产情报产品的原材料，是竞争情报工作的起始点。由于收集内容是多维度（横向）、多层级（纵向）的，所以本研究决定将其制成指标体系。这里需要说明的是，研究收集内容的目的是希望建成一个精而全的"收集对象集合"或称"指标库"，加之每项指标对应的数据，本研究将两者的结合称为"篮球竞争情报系统资源数据库"，以便用户提出某个确切需求主题时情报工作人员可以直接从该数据库中提取所需指标的数据并加以分析。当然，这个库是动态的，投入应用时需要实际操作者不断跟进数据以及进行指标升级。

本研究首先依照篮球竞争情报收集内容指标体系构建原则，借鉴国内外研究相关成果进行指标体系的初步构建，然后征询专家对初选指标的意见（共计两轮），最终确定篮球竞争情报收集内容指标体系，具体构建思路见图 16。

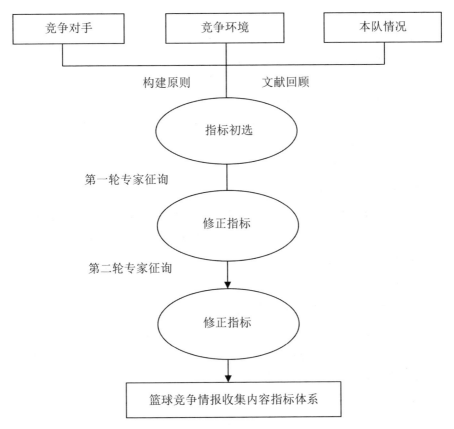

图 16 篮球竞争情报收集内容指标体系构建思路

5.3.2.1.1 篮球竞争情报收集内容指标体系构建原则

首先必须明确设计原则，之后方可根据该原则构建指标体系框架和指标内容。研究认为，一个合理有效的篮球竞争情报收集内容指标体系应该在下列基本原则指导下建成。

（1）系统性原则。必须保证篮球竞争情报收集内容指标体系是一个有机的整体。要严格按照逻辑思路设计指标体系、筛选指标，使整个指标体系能够合理全面地反映篮球竞争情报收集内容。

（2）科学性原则。指标体系中的指标要能客观地反映篮球竞争情报收集内容，确保指标的真实性和科学性。对指标体系中的同级指标，要确保指标之间不重叠、不冲突，符合指标设计的逻辑思路。

（3）可操作性原则。在指标体系的设计中，要确保各项指标的界定清楚、易懂，尽量选择定量指标，指标相关数据的来源明确、可以获得，指标体系逻辑清晰、简单明了，从而利于掌握和使用，确保篮球竞争情报收集内容指标体系具有较好的可操性。

（4）代表性原则。反映某个典型特征的指标可能有多个，应该尽量选取有代表性的关键指标[1]。指标应根据其重要性有针对性地选取，力求指标的设置能够反映收集内容本质，既全面、准确、简明，又防止指标过多、过繁，即精选"根指标"。

（5）层次性原则。在构建篮球竞争情报收集内容指标体系过程中运用系统科学的等级层次原理将收集内容分为几个层次：高层次包含低层次，低层次隶属于高层次；高层次交融低层次，低层次服从并支持高层次。依此一层一层地构建，形成一套具有一定层次结构的指标体系。

5.3.2.1.2　篮球竞争情报收集内容指标体系的构建步骤

5.3.2.1.2.1　指标体系的初步建立

在界定概念时已经提到，篮球竞争情报是关于竞争对手、本方球队及竞争环境的分析性情报产品，所以有理由认为篮球竞争情报收集行为的实践客体——竞争情报收集对象，就是竞争对手、本方球队和竞争环境的信息，即"知彼""知己""知环境"[2][3]（且这一点在进行专家征询问卷调查时也得到了认可）。简单表示为，收集内容（收集对象的集合）＝竞争对手信息＋本方球队信息＋竞争环境信息。

（1）竞争对手。从篮球竞争情报系统运行过程来看，首要的就是要识别与确定自己现实与潜在的竞争对手，不明确竞争对手就无从谈及竞争，篮球竞争情报也就失去了存在的理由。根据竞争理论的观点，竞争是指个人与个人、群体与群体之间因生存发展的需要而对同一个目标角逐较量的社会活动，其构成要素为竞争主体、竞争目标和竞争场[4]。竞争主体是指处于互相对立地位的直接竞争者，且竞争主体至

〔1〕　中国现代化战略研究组，中国科学院中国现代化研究中心．中国现代化报告2006：社会现代化研究［M］．北京：北京大学出版社，2006：32-33.
〔2〕　张翠英．竞争情报分析［M］．北京：科学出版社，2008：41.
〔3〕　田麦久，熊焰．竞技参赛学［M］．北京：人民体育出版社，2011：49.
〔4〕　迈克尔·波特．竞争论［M］．高登第，李明轩，译．北京：中信出版社，2012：66.

少要两个或两个以上方能成立竞争关系；竞争客体或称竞争目标，是指为满足竞争主体某种需要而彼此追求并希望获得的共同目标；竞争时空或称竞争场，是指竞争的时间与空间，包括竞争环境、竞争态势、竞争范围等。有研究认为，竞争对手和竞争者皆为竞争主体，但彼此在概念上仍存在一些差异：竞争者是从自身整体利益的宏观和中观层次对竞争场上所有行为主体的统称，它把除了自身以外的一切竞争主体都看成竞争者；竞争对手则是指从微观层次分析得出的、在竞争场上有实力与自己抗衡或胜过自己的竞争者。可见，竞争对手包含于竞争者，即能对自己构成威胁的竞争者才能称为竞争对手。所以，本研究的竞争对手是指与本队有共同竞争目标，且与本队有或可能有利害冲突或实力抗衡的球队。现代竞争情报概念在产生初期被称为"竞争者情报"（competitor intelligence）[1]，可见，竞争对手分析是篮球竞争情报研究的核心。

（2）本方球队。竞争策略的制定是建立在充分研究竞争环境、调查竞争对手情况和分析本方状况的基础上的。《孙子·谋攻篇》中说："知彼知己者，百战不殆；不知彼而知己，一胜一负；不知彼，不知己，每战必殆。"只有清醒地认识、判断本队的竞争能力，才能在激烈的篮球竞赛中找准自己的定位，制定并实施恰当的策略，取得竞争的胜利。

（3）竞争环境。从系统的角度出发，一个系统之外的一切与它相关联的事物构成的集合称为该系统的环境。任何系统都在一定环境中产生，又在一定的环境中运行、延续、演化，不存在没有环境的系统[2]。篮球竞争情报收集内容中的竞争环境主要是指球队的参赛环境，如裁判员信息、赛场气氛情况、赴比赛地的交通情况、比赛地食宿情况。

以上三个方面为篮球竞争情报收集内容的基本维度。依据上述逻辑框架和指标体系构建原则，参考国内外相关研究成果（如借鉴图17中的相关指标），构建出篮球竞争情报收集内容指标体系的预选指标框架，见表29。需要阐明的是，第一，本研究的核心部分是"分析子系统"的情报加工，而收集子系统中的指标及相应数据正是生产篮球竞争情报的原材料。篮球竞争情报的分析主题大致分为三类：①"现状"，即竞

---

〔1〕 赵蓉英. 竞争情报学［M］. 北京：科学出版社，2012：71.

〔2〕 柯玲. 从复杂系统建模角度研究信息经济测度［J］. 西南交通大学学报（社会科学版），2005，6（4）：95－99.

争对手、本方球队、竞争环境的基本现状。②"特点",从"现状"中提取的竞争对手和本方球队的实力"特点"(本研究假设竞争环境为分析过程中的辅助参考因素)。③"策略",对竞争对手和本方球队两者的"特点"采用比较等方法研究后获得提升本方球队的策略和对应竞争对手策略。这些内容本研究将在分析子系统部分做详尽阐述。在这里想说的是,对"现状"的研究是分析工作的出发点。所谓"现状",依据运动训练学理论,是指竞争对手和本方球队的竞技能力现状。所以,本研究的指标设计主要是围绕反映敌我竞技能力而展开的,具体体现在:竞争对手"要素层"指标的确定、本方球队"指标层"指标的确定,都是主要依据竞技能力构成要素(技能、战术、体能等)来划分。第二,本研究希望构建的指标体系能够涵盖分析各类情报问题时需要的所有主要指标,意图建立情报分析的"指标库",以便在竞争情报实践时根据要分析的具体问题直接从指标库中抽取相应指标。但要网罗齐大大小小不同层面的指标并不现实,所以本研究以"降维"为原则,找寻信息含量大、概括性强的核心指标,本研究称为"根指标"(可以理解为一个浓缩的包裹变量,带有本质、根源的属性),比如,将有共同特点的指标进行聚类——"区域得分、二次进攻得分、快攻得分、利用对方失误得分、每次攻守转换得分、助攻得分"合并为"得分",大大缩小指标篇幅。像"得分"这样的高级别指标就为"根指标",具有维度高、外延大的特点。也就是说,本研究遴选出的指标是用以分析各类问题的源泉,任何问题的剖析维度都万变不离其宗、有根源可寻,因为一共就这些"根指标"。第三,罗列的"根指标"大部分是可以进一步细化的,因此后文的"篮球竞争情报分析方法"部分将会根据研究主题进行发散和解构,即采用"升维"原则尽量还原事实原貌,从而生产出更好的情报产品。升维过后的指标,有的是传统指标、常规指标(又称"初级指标""低阶指标",英文为"traditional index"),有的则是国外流行而国内目前并不常用的指标,我们称之为"高级指标""进阶指标"或"高阶指标"(英文为"advanced index"),引进的目的是向优秀者看齐、解读好比赛。第四,构建的篮球竞争情报收集内容指标体系中,有的指标可以做数据统计的定量分析,有的则只能定性分析,具体分析情况也将在分析部分进行阐释。

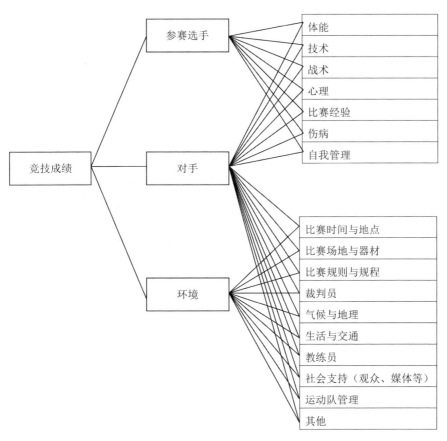

图 17　运动员参赛风险源

注：引自石岩提出的"运动员参赛风险源"。

表 29　篮球竞争情报收集内容指标体系的预选指标框架

总体目标层 （A）	对象层 （B）	要素层 （C）	指标层 （D）
收集内容 指标体系	B1 竞争对手	C1 球员基本信息	D1 姓名（照片）
			D2 号码
			D3 位置
			D4 年龄
			D5 身体形态情况（身高、体重、臂展等）

续表

总体目标层 （A）	对象层 （B）	要素层 （C）	指标层 （D）
			D6 运动素质情况（速度、力量、弹跳等）
			D7 强侧手
			D8 首发情况
			D9 场均时间
			D10 参赛经验
			D11 打球态度（积极与否）
			D12 伤病情况
		C2 技术信息	D13 得分
			D14 命中率
			D15 篮板球
			D16 助攻
			D17 抢断
			D18 封盖
			D19 犯规
			D20 失误
			D21 节奏
			D22 球员效率
			D23 球队效率
			D24 决胜时刻
		C3 战术信息	D25 阵容组合
			D26 战术落位（攻、防）
			D27 战术信号（发动）
			D28 战术路线
			D29 战术配合（攻、防）
		C4 教练员基本信息	D30 执教经历
			D31 性格特点
			D32 篮球理念（执教理念、战术理念）
			D33 临场指挥特点
			D34 对上场阵容的安排和队员的使用情况
			D35 暂停与调度队员的习惯
			D36 战术暗号（语言或手势传达作战意图等）

总体目标层 （A）	对象层 （B）	要素层 （C）	指标层 （D）
	B2 本方球队	C5 球队日常信息	D37 球员技术特长
			D38 球员运动素质（速度、力量、弹跳等）
			D39 球员战术素养（战术意识）
			D40 球员心理素质
			D41 球员领导能力
			D42 球员打球态度（积极与否、训练比赛的职业精神）
			D43 球员篮球理念（篮球哲学、球商）
			D44 球员与队友、教练员的融洽程度（团队合作意识）
			D45 球员伤病及康复情况
			D46 球队文化
			D47 球队战术风格（擅长打法、战术体系、攻防体系）
			D48 阵容组合
		C6 球队竞赛信息	D49 得分
			D50 命中率
			D51 篮板球
			D52 助攻
			D53 抢断
			D54 封盖
			D55 犯规
			D56 失误
			D57 比赛节奏
			D58 球员效率
			D59 球队效率
			D60 决胜时刻
			D61 阵容组合效率（效果）
			D62 攻防战术运用和任务完成情况
	B3 竞争环境	C7 参赛环境	D63 比赛场地与设施条件（场地器材情况）

总体目标层 （A）	对象层 （B）	要素层 （C）	指标层 （D）
			D64 裁判员信息（裁判员职业道德、业务水平、判罚公平性、判罚风格及观念）
			D65 赛场气氛情况（观众、DJ和 MC 主持情况等）
			D66 赴比赛地的交通情况
			D67 比赛地地理位置及气候情况
			D68 比赛地社会风俗习惯情况
			D69 比赛地食宿情况
		C8 官方监管与舆论环境	D70 篮球规则变化
			D71 竞赛规则
			D72 官方消息（文件发布、政府态度、官方处罚等）
			D73 与本队有关事件的舆情

5.3.2.1.2.2 专家调查结果与分析

为了使篮球竞争情报收集内容指标体系更加完善，本研究请 10 名国内外颇有建树的专家学者赐教，以发放专家问卷的形式共进行两轮调查（专家基本情况见表30），两轮调查的问卷回收率及有效回收率皆为 100%。

表30　专家情况一览表

专家姓名	职务、职称、教育程度及研究领域	国籍
宫鲁鸣	曾任中国国家男子篮球队主教练	中国
汤姆·马赫 （Tom Maher）	曾任中国国家女子篮球队主教练	澳大利亚
米歇尔·蒂姆斯 （Michele Margaret Timms）	曾任中国国家女子篮球队助理教练（主要负责国家女篮的竞赛情报工作）	澳大利亚
米格尔·鲁亚诺 （Miguel Ruano）	马德里理工大学体育学院（暨西班牙国家体育研究所）副院长、博士，研究领域为团队运动运动表现分析	西班牙
帕特里克·卢西 （Patrick Lucey）	Stats 公司数据分析师，曾任迪士尼研究中心（Disney Research）数据分析师，博士、教授	美国

专家姓名	职务、职称、教育程度及研究领域	国籍
邸明阳	Stats 公司数据分析师、Northwestern University（美国西北大学）工业工程及管理科学专业博士	中国
崔万军	曾任福建鲟浔兴俱乐部泉州银行篮球队和新疆广汇飞虎俱乐部天山农商银行篮球队主教练、中国国家男子篮球队助理教练	中国
杜峰	广东宏远华南虎俱乐部东莞银行篮球队主教练	中国
张云松	时任南京青年奥林匹克运动会中国男子三人篮球队主教练	中国
单曙光	武汉体育学院教师、博士、副教授，中国篮球协会中高级教练员岗位培训讲师	中国

5.3.2.1.2.2.1　第一轮专家调查结果与分析

为了广泛地征询专家们的意见，在第一轮问卷调查中采用开放式和封闭式问题相结合的问卷调查形式（篮球竞赛情报收集内容指标体系第一轮专家征询问卷详见附录1），具体调查结果如下。

（1）一级指标的调查结果与分析。本次调查设立的篮球竞争情报收集内容指标体系的一级指标包括竞争对手、本方球队、竞争环境三大指标。从调查结果来看，专家们对竞争对手、本方球队、竞争环境的认可率均为100%，该结果说明一级指标获得了充分肯定。需要说明的是，米歇尔·蒂姆斯提出了在"competitors"后标注"team against"，以便更加准确地描述"竞争对手"一词，而这一变动只是为了帮助本调查在表达上更加严谨，指标的具体内涵不发生改变。

（2）二级指标的调查结果与分析。

①一级指标"竞争对手"下的二级指标。"竞争对手"的下级指标包括球员基本信息、技术信息、战术信息、教练员基本信息。建议一，"教练员基本信息"这一指标可以不列入其中。提出此建议的专家认为，在带领球队参加大赛时必然是从实战出发撰写对手球员、球队技战术分析的球探报告，而教练员的情况分析算是辅助信息，自然不做优先考虑，或者由于时间不允许干脆不予考虑。于是笔者向该名专家阐述了本课题的研究初衷：指标遴选时暂不考虑权重，希望颇为全面地涵盖竞赛情报各要素，以便形成丰富的理论体系。在交流后笔者与该名专家达成共识，保留了该项指标。建议二，可以增加"previous performances (long – term trend analysis)"（竞争对手以前的表现，即竞争对手的长期趋势分析）。针对这个提议，本研究认为这是"一个包裹变量＋时间变量"的分析题，可以简单理解为：包裹变量（竞争对手的球员基本信息、技术信息、战术信息、教练员基本信息）在时间轴（大致分为过去、现在、未来）上的移动而产生的函数；所谓"长期趋势分析"，是主体对客体的信息从一诞生就跟踪至今，抑或是主体站在"现在"的时间节点上对客体在时间轴上进行眺望，向度可以是研究过去也可以是预测未来。简而言之，该项建议实质指的是"时间"要素，即竞争对手信息（竞争对手的球员基本信息、技术信息、战术信息、教练员基本信息）在时间要素上的分析。所以，本研究不予采纳。

②一级指标"本方球队"下的二级指标。"本方球队"的下级指标包括球队日常信息和球队竞赛信息。建议一，设置反映"化学反应情况、更衣室氛围"方面的二级指标。鉴于该含义与"球队日常信息"的下属指标"球员与队友、教练员的融洽程度（团队合作意识)"意思相仿，故未接受此观点。建议二，增加"本队队员状态和技战术准备情况"的相关指标。本研究听取该名专家意见后再次审视了"本方球队"的二、三级指标，的确在"本队技战术准备情况"方面描述不足。但将该类指标放在二级指标位置上略有不妥，遂决定将相关指标设置在三级指标上。至于"本队队员状态"的说法颇为含糊，且本研究已在"本方球队"的三级指标中设置了"球员伤病及康复情况""球员心理素质""球员技术特长"等可以大致体现"状态"的指标，故不做修改。

③一级指标"竞争环境"下的二级指标。"竞争环境"的下级指标包括参赛环境和官方监管与舆论环境。调查发现，分别执掌国家男、女子篮球队帅印的两位教练并不认可"官方监管与舆论环境"这一指标，他们认为这方面的信息不需要关注和收集。还有，与女篮主教练搭档多年的助理教练有着与汤姆·马赫是完全一致的思路，其明确提出所谓"竞争环境"只要把握"home or away，date，time"，即主客场（或地点）、比赛日期、比赛具体时间足矣。除以上几位教练外，其余皆选择了"参赛环境"和"官方监管与舆论环境"作为"竞争环境"下的二级指标。本研究认为，两类观点皆有可取之处。在比赛期间避免不必要的干扰是好事，但若是在能力范畴之内掌握尽量多的信息、从中提取有价值的情报、充分知己知彼克敌制胜，也不失为一件益事。所以，综合

分析后决定保留"官方监管与舆论环境"这项指标。

（3）三级指标的调查结果与分析。

①一级指标"竞争对手"下的三级指标。A. 二级指标"球员基本信息"的下级指标包括姓名（照片），号码，位置，年龄，身体形态情况（身高、体重、臂展等），运动素质情况（速度、力量、弹跳等），强侧手，首发情况，场均时间，参赛经验，打球态度（积极与否），伤病情况。建议一，有一位专家提出上述信息除"强侧手"和"参赛经验"外，可不投入关注精力，重心仍是要放到竞争对手的"数据信息、技能信息"诸如此类的指标上。另外，还有几名专家的观点类似，即选择性地关注基础信息。建议二，增加"近5场的综合效率"指标。本研究已在"技术信息"的下属指标中设立"球员、球队效率"指标，但可以考虑将该建议放在竞争情报分析中，即取"近5场"的球员、球队效率值做制定策略时的参考。建议三，增加球员"强弱项"指标。该位篮球数据分析专家的提议，本研究在文章中有所涉及，只是并不在此部分。本研究将竞争情报分析主题分为三部分，依次为"现状""特点""策略"。"强弱项"是属于"特点"的分析，是在得出了"现状"的结论后做的进一步分析与提炼（本研究会在后文中有所阐述）。B. 二级指标"技术信息"的下级指标包括得分、命中率、篮板球、助攻、抢断、封盖、犯规、失误、节奏、球员效率、球队效率、决胜时刻。建议一，一位教练提出增加"分析好最强项与最弱项"这一指标。这与上述篮球数据分析专家提出的观点一致，所以本研究给予相同的解释。建议二，有教练在备注中强调了要有反映球员球队"稳定性"的指标，以及"负面数据（正负数据准确反映工作效率）"的重要性。鉴于此，本研究会在修正问卷时认真考虑这几方面。建议三，还有一位教练强调了不必列出所有技术统计指标，表示"just the ones that tell the story of a player"（只要指标能够反映出赛场上球员的信息）就够了。回答这个问题就还需要回归笔者研究的初衷，即"求全"以构筑理论体系，而在实践当中则可根据需求挑选指标以做详细分析。C. 二级指标"战术信息"的下级指标包括阵容组合，战术落位（攻、防），战术信号（发动），战术路线，战术配合（攻、防）。有三位专家（两位专业队主教练、一位高校教师）不约而同建议补充"特殊时刻的战术""主要攻击点"两项指标，弥补了本研究的思虑不周之处。D. 二级指标"教练员

基本信息"的下级指标包括执教经历、性格特点、篮球理念（篮球哲学和战术理念）、临场指挥特点、对上场阵容的安排和队员的使用情况、暂停与调度队员的习惯、战术暗号等。有两位专家给出建议：第一位专家首先在"暂停与调度队员的习惯"之后标注了"和变化"三个字做强调，之后又阐明了观点，认为后五项指标比前两项更具有关注价值；第二位是欧洲学院派专家代表，在他看来，"教练员等级证书"因素所隐含的信息量也是其考虑的范畴。

②一级指标"本方球队"下的三级指标。二级指标"球队日常信息"的下级指标包括球员技术特长，球员运动素质，球员战术素养（战术意识），球员心理素质，球员领导能力，球员打球态度（积极与否、训练比赛的职业精神），球员篮球理念（篮球哲学、球商），球员与队友和教练员的融洽程度（团队合作意识），球员伤病及康复情况，球队文化，球队战术风格（擅长打法、战术体系、攻防体系），阵容组合。有一位专家强调"球员领导能力"这一指标只适用于个别球员。所以，本研究会在竞争情报分析部分针对个别队员的领导能力做经验性分析。

③一级指标"竞争环境"下的三级指标。A. 二级指标"参赛环境"的下级指标包括比赛场地与设施条件（场地器材情况），裁判员信息（裁判员职业道德、业务水平、判罚公平性、判罚风格及观念），赛场气氛情况（观众、流行音乐播音员和主持人主持情况等），赴比赛地的交通情况，比赛地地理位置及气候情况，比赛地社会风俗习惯情况，比赛地食宿情况。建议一，有四位专家建议删除"比赛地社会风俗习惯情况"这一指标，认为该项指标对参赛影响不大。但值得注意的是，国字号主教练选择关注此项信息，想必依其参加国际大赛的经验来看这点也属周全备战的内容之一。因而，此项指标的去留还有待商榷（倾向于保留）。建议二，有专家强调了裁判员因素，"referee bias（those referees that are more related to punish the visitors than home teams）"，即建议在做该方面分析时要考虑球队主客场因素与裁判员判罚的关系（有无偏袒）。这一点，本研究会在竞争情报分析中简述由裁判员因素引发的主场优势（home advantage）。B. 二级指标"官方监管与舆论环境"的下级指标包括篮球规则变化，竞赛规则，官方消息（文件发布、政府态度、官方处罚等），与本队有关事件的舆情。专家对这类指标关注和收集与否的观点不一，故有待进一步考证。具体考证方法为做深度访谈后

的定性分析，以上未确定去留或修改与否的指标皆用此方法定夺。

5.3.2.1.2.2.2 第二轮专家调查结果与分析

本研究根据第一轮调查的专家意见再次查阅了相关资料，并重新拟订了篮球竞争情报收集内容指标体系。之后将篮球竞争情报收集内容指标体系制成第二轮专家调查问卷，采用的是李克特（Likert Scale）5级量表进行评定，答案设置为"很重要""重要""一般""不重要""很不重要"，分别计5分至1分。在第二轮调查中，原则上不要求专家提出新指标（第二轮问卷见附录3）。

（1）第二轮调查的主要统计分析参数。

①变异系数。变异系数指各指标的标准差与其加权平均值之比，变异系数值越小表明专家评价结果的分散程度越小。一般认为变异系数≥0.25，则该指标的专家协调程度不够[1]。

②协调系数。协调系数指专家组中各专家彼此间对每项指标给出的评价意见是否存在较大分歧[2]。通过研究协调系数，能够了解专家们对全部指标的协调程度。专家意见的协调系数介于0~1之间，一般该系数越大越好。协调程度的显著性检验采用等级一致性检验（非参数检验）：若 $P < 0.05$，认为专家意见的评估或预测的可信度好、评价或预测结果可信；若 $P > 0.05$，则认为专家意见的评估或预测的可信度差、评价或预测结果不可取。

（2）第二轮调查的指标筛选依据。

在运用德尔菲法筛选指标的诸多研究中关于何谓"专家的一致意见"，鲜有学者对其明确界定。如李银霞等把专家的一致意见定义为"不少于三分之二（约67%）的专家判断等级为'大'以上的判断结果"（候选指标对飞行员操作工效的影响等级为"不大""一般""大""很大""极大"，分别计1~5分)[3]；袁海霞等认为若评选该指标的专家人数超过50%，则选用该指标[4]；李建国等选取重要性得分在70

〔1〕 邢禾，何广学，刘剑君. 德尔菲法筛选结核病防治知识调查指标的研究与预试验评价［J］. 中国健康教育，2006，22（2）：93.

〔2〕 王芳. 社区卫生服务绩效评价指标体系研究［D］. 华中科技大学，2006：57.

〔3〕 李银霞，袁修干. 改进德尔菲法在驾驶舱显示系统工效学评价指标筛选中的应用研究［J］. 航天医学与医学工程，2006，19（5）：370.

〔4〕 袁海霞，汪南平，史德. 德尔菲法在潜艇舱室空气质里评价指标筛选中的应用［J］. 海军医学杂志，2005，26（3）：206.

分以上的指标（满分100分）作为研究的评价指标[1]。因此，在查阅大量资料后本研究决定遴选第二轮调查统计结果的标准（设定保留指标的参数）为：变异系数 < 0.25；协调系数经一致性检验后 $P < 0.01$ 或 $P < 0.05$；均值 > 3.5分（总分的70%）。

（3）第二轮调查的统计结果与分析。

本轮调查的数据采用 SPSS 22.0 软件进行描述统计量和非参数检验的统计分析，具体如下。

① 一级指标统计结果与分析，见表31和表32。

表31　一级指标统计分析参数表

一级指标	均值（Mean）	标准差（Std. Deviation）	变异系数（CV）
竞争对手	4.8000	0.41404	0.0863
本方球队	4.6667	0.48795	0.1046
竞争环境	4.0667	0.79881	0.1964

表32　一级指标一致性检验

轮次	一致性系数（Kendall's W）	卡方值（Chi – Square）	P 值（Asymp. Sig）
第二轮	0.421	44.160	0.000

表31、表32显示，一级指标的变异系数皆小于0.25；其中，竞争对手的变异系数最小，说明该指标的集中程度最高。专家意见的一致性系数为0.421，经卡方检验后 P 值为0.000（$P < 0.01$）。可见一级指标的专家意见协调性好、可信度高，结果可取。

② 二级、三级指标统计结果与分析，见表33和表34。

表33　二级、三级指标统计分析参数表

指标名称	均值（Mean）	标准差（Std. Deviation）	变异系数（CV）
C1 球员基本信息	4.2000	0.41404	0.0986
C2 技术信息	5.0000	0.00000	0.0000
C3 战术信息	5.0000	0.00000	0.0000
C4 教练员基本信息	3.6667	0.48795	0.1331

---

[1] 李建国，黄智强，阙文进，等. 县级公共卫生应急反应能力评价方法的研究［J］. 数理医药学杂志，2006，19（1）：96.

指标名称	均值 （Mean）	标准差 （Std. Deviation）	变异系数 （CV）
C5 球队日常信息	4.8000	0.41404	0.0863
C6 球队竞赛信息	5.0000	0.00000	0.0000
C7 参赛环境	4.2667	0.45774	0.1073
C8 官方监管与舆论环境	3.5333	0.51640	0.1462
D1 姓名（照片）	3.6000	0.50709	0.1409
D2 号码	3.7333	0.45774	0.1226
D3 位置	3.9333	0.59362	0.1509
D4 年龄	4.0000	0.00000	0.0000
D5 身体形态情况（身高、体重、臂展等）	4.4000	0.50709	0.1152
D6 运动素质情况（速度、力量、弹跳等）	5.0000	0.00000	0.0000
D7 强侧手	3.8667	0.63994	0.1655
D8 首发情况	4.7333	0.45774	0.0967
D9 场均时间	3.6667	0.48795	0.1331
D10 参赛经验	4.5333	0.51640	0.1139
D11 打球态度（积极与否）	3.6000	0.50709	0.1409
D12 伤病情况	4.0667	0.45774	0.1126
D13 得分	5.0000	0.00000	0.0000
D14 命中率	5.0000	0.00000	0.0000
D15 篮板球	5.0000	0.00000	0.0000
D16 助攻	5.0000	0.00000	0.0000
D17 抢断	5.0000	0.00000	0.0000
D18 封盖	4.8667	0.51640	0.1061
D19 犯规	4.8000	0.41404	0.0863
D20 失误	4.2667	0.45774	0.1073
D21 节奏	4.4000	0.50709	0.1152
D22 球员效率	4.5333	0.51640	0.1139
D23 球队效率	4.6000	0.50709	0.1102
D24 决胜时刻	3.9333	0.59362	0.1509
D25 阵容组合	5.0000	0.00000	0.0000
D26 常用进攻战术（常用基础配合、进攻人盯人防守和区域联防的战术、进攻紧逼防守的战术、快攻与衔接段的战术、掷界外球战术）	5.0000	0.00000	0.0000
D27 特殊战术	4.7333	0.45774	0.1655
D28 主要攻击点	4.8000	0.41404	0.0863
D29 结束方式	3.5333	0.51640	0.1462
D30 常用防守战术	5.0000	0.00000	0.0000

指标名称	均值 （Mean）	标准差 （Std. Deviation）	变异系数 （CV）
D31 执教经历	3.6000	0.50709	0.1409
D32 篮球理念（战术理念、执教理念等）	4.0000	0.00000	0.0000
D33 临场指挥特点（对上场阵容的安排和队员的使用情况、暂停与调度队员的习惯及变化、战术暗号等）	4.8667	0.51640	0.1061
D34 球员技术特长	5.0000	0.00000	0.0000
D35 球员运动素质（速度、力量、弹跳等）	3.6000	0.50709	0.1409
D36 球员战术素养（战术意识）	4.0000	0.00000	0.0000
D37 球员心理素质	4.2000	0.41404	0.0986
D38 球员领导能力	3.6667	0.48795	0.1331
D39 球员打球态度（积极与否、训练比赛的职业精神）	3.8667	0.63994	0.1655
D40 球员篮球理念（篮球哲学、球商）	3.6000	0.50709	0.1409
D41 球员与队友、教练员的融洽程度（团队合作意识）	4.0000	0.00000	0.0000
D42 球员伤病及康复情况	4.4000	0.50709	0.1152
D43 球队文化	4.3333	0.48795	0.1126
D44 球队战术风格（擅长打法、战术体系、攻防体系）	5.0000	0.00000	0.0000
D45 阵容组合	5.0000	0.00000	0.0000
D46 得分	5.0000	0.00000	0.0000
D47 命中率	5.0000	0.00000	0.0000
D48 篮板球	5.0000	0.00000	0.0000
D49 助攻	5.0000	0.00000	0.0000
D50 抢断	5.0000	0.00000	0.0000
D51 封盖	5.0000	0.00000	0.0000
D52 犯规	5.0000	0.00000	0.0000
D53 失误	5.0000	0.00000	0.0000
D54 比赛节奏	3.8667	0.63994	0.1655
D55 球员效率	4.2667	0.45774	0.1073
D56 球队效率	4.5333	0.51640	0.1139
D57 决胜时刻	3.5333	0.51640	0.1462
D58 阵容组合效率（效果）	5.0000	0.00000	0.0000
D59 攻防战术运用和任务完成情况	5.0000	0.00000	0.0000
D60 比赛场地与设施条件（场地器材情况）	4.2000	0.41404	0.0986

指标名称	均值 （Mean）	标准差 （Std. Deviation）	变异系数 （CV）
D61 裁判员信息（裁判员职业道德、业务水平、判罚公平性、判罚风格及观念）	4.0000	0.00000	0.0000
D62 赛场气氛情况（观众、流行音乐播音员和主持人主持情况等）	3.9333	0.25820	0.0656
D63 赴比赛地的交通情况	3.5333	0.51640	0.1462
D64 比赛地地理位置及气候情况	3.6000	0.50709	0.1409
D65 比赛地社会风俗习惯情况	3.5333	0.51640	0.1462
D66 比赛地食宿情况	3.8667	0.63994	0.1655
D67 篮球规则变化	4.3333	0.48795	0.1126
D68 竞赛规则	3.7333	0.70373	0.1886
D69 官方消息（文件发布、政府态度、官方处罚等）	3.6667	0.48795	0.1331
D70 与本队有关事件的舆情	3.6000	0.50709	0.1409

表34 二级、三级指标一致性检验

轮次	一致性系数 （Kendall's W）	卡方值 （Chi-Square）	P值 （Asymp. Sig）
第二轮	0.658	1105.434	0.000

表33、表34 显示，二级、三级指标的变异系数皆小于 0.25，专家评价的一致性系数为 0.658，经卡方检验后 P 值为 0.000（$P < 0.01$），可见二级、三级指标的专家意见能够采信。从得分均值来看，所有指标都在 3.5 分以上，其中满分 5 分的有 25 个，得分在 4 分以上（包括 4 分但不含满分）的有 28 个，可见所选指标的专家意见集中程度高，获得了一致认可。

5.3.2.1.2.3 指标体系的最终确立

尽管本研究仅有两轮调查，但从结果来看，所选的一级、二级、三级指标均符合本研究的统计要求，专家意见集中程度和协调程度较高。故在未进行下一轮调查的情况下确立了最终的由 3 个一级指标、8 个二级指标和 70 个三级指标组成的篮球竞争情报收集内容指标体系（见表35，指标具体释义见 "5.4.2.2.1 指标细化法" 部分）。

表 35   确定的篮球竞争情报收集内容指标体系

总体目标层 （A）	对象层 （B）	要素层 （C）	指标层 （D）
收集内容 指标体系	B1 竞争对手	C1 球员基本信息	D1 姓名（照片）
			D2 号码
			D3 位置
			D4 年龄
			D5 身体形态情况（身高、体重、臂展等）
			D6 运动素质情况（速度、力量、弹跳等）
			D7 强侧手
			D8 首发情况
			D9 场均时间
			D10 参赛经验
			D11 打球态度（积极与否）
			D12 伤病情况
		C2 技术信息	D13 得分
			D14 命中率
			D15 篮板球
			D16 助攻
			D17 抢断
			D18 封盖
			D19 犯规
			D20 失误
			D21 节奏
			D22 球员效率
			D23 球队效率
			D24 决胜时刻
			D25 阵容组合
		C3 战术信息	D26 常用进攻战术（常用基础配合、进攻人盯人防守和区域联防的战术、进攻紧逼防守的战术、快攻与衔接段的战术、掷界外球战术）
			D27 特殊战术
			D28 主要攻击点

总体目标层 （A）	对象层 （B）	要素层 （C）	指标层 （D）
			D29 结束方式
			D30 常用防守战术
		C4 教练员基本信息	D31 执教经历
			D32 篮球理念（战术理念、执教理念等）
			D33 临场指挥特点（对上场阵容的安排和队员的使用情况、暂停与调度队员的习惯及变化、战术暗号等）
	B2 本方球队	C5 球队日常信息	D34 球员技术特长
			D35 球员运动素质（速度、力量、弹跳等）
			D36 球员战术素养（战术意识）
			D37 球员心理素质
			D38 球员领导能力
			D39 球员打球态度（积极与否、训练比赛的职业精神）
			D40 球员篮球理念（篮球哲学、球商）
			D41 球员与队友、教练员的融洽程度（团队合作意识）
			D42 球员伤病及康复情况
			D43 球队文化
			D44 球队战术风格（擅长打法、战术体系、攻防体系）
			D45 阵容组合
		C6 球队竞赛信息	D46 得分
			D47 命中率
			D48 篮板球
			D49 助攻
			D50 抢断
			D51 封盖
			D52 犯规
			D53 失误

总体目标层 （A）	对象层 （B）	要素层 （C）	指标层 （D）
			D54 比赛节奏
			D55 球员效率
			D56 球队效率
			D57 决胜时刻
			D58 阵容组合效率（效果）
			D59 攻防战术运用和任务完成情况
	B3 竞争环境	C7 参赛环境	D60 比赛场地与设施条件（场地器材情况）
			D61 裁判员信息（裁判员职业道德、判罚公平性、裁判员业务水平、裁判员判罚风格及观念）
			D62 赛场气氛情况（观众、DJ和 MC 主持情况等）
			D63 赴比赛地的交通情况
			D64 比赛地地理位置及气候情况
			D65 比赛地社会风俗习惯情况
			D66 比赛地食宿情况
		C8 官方监管与舆论环境	D67 篮球规则变化
			D68 竞赛规则
			D69 官方消息（文件发布、政府态度、官方处罚等）
			D70 与本队有关事件的舆情

5.3.2.2　竞争情报收集渠道

竞争情报收集渠道是指篮球科研工作者获取竞争对手、本方球队、竞争环境三方面信息资料（以获取竞争对手资料为主）的路径。表 36 的统计结果显示，篮球科研工作者除了对通过录像观察、通过 Internet（互联网）和 Intranet（内联网）这两种渠道非常认可（4 分以上，介于"非常多"和"比较多"之间）外，通过媒体信息、通过实地观察、通过人际网络的使用介于"比较多"与"一般"之间（3.3 ~ 3.6 分），也可算作常规收集渠道。而通过书刊、档案、学术论文等文献资料，咨询或聘请熟悉竞争对手的人员（如曾在对手球队工作过的人员），通过科研课题这几项也会有所使用，只有从体育公司购买这一渠道的使用率最低。

表36　篮球竞争情报收集渠道一览表（N=30）

	非常多 （5分）	比较多 （4分）	一般 （3分）	较少 （2分）	很少 （1分）	得分均值	排序
通过录像观察	22	5	2	1	0	4.60	1
通过 Internet 和 Intranet	17	9	2	1	1	4.33	2
通过媒体信息	7	9	11	1	2	3.60	3
通过实地观察	4	11	8	5	2	3.33	4
通过人际网络	4	7	15	0	2	3.30	5
通过书刊、档案、学术论文等文献资料	2	6	13	3	6	2.83	6
咨询或聘请熟悉竞争对手的人员（如曾在对手球队工作过的人员）	2	6	12	5	5	2.83	7
通过科研课题	0	6	6	10	8	2.33	8
从体育公司购买	0	1	3	11	15	1.67	9

　　下面对各收集渠道进行阐释：①实地观察主要是指通过观察本队与竞争对手的现场比赛（邀请赛、热身赛、各类大赛），观察竞争对手与别队的现场比赛，观察竞争对手的训练（若有机会的话）等，收集竞争对手、本方球队及竞争环境的信息。②录像观察则是现场观察的补充，因为现场观赛需要充足的经费与时间等要素，且不具备连续跟踪的特质。所以，收集竞争对手比赛视频，并辅以 Gamebreaker 等技战术分析软件加以分析，是高水平运动队重要的竞争情报收集渠道。目前，我国篮球比赛分析主要采用录像分析法，教练员需要花费大量的时间来研究比赛视频，靠的是自身的经验。③Internet 是世界上最大的信息库，网络上有丰富信息资源可供搜索；Intranet 是指本队自己建立的内网数据库，这是通过球队长期积累建立起来的信息服务系统，其特点是比互联网信息准确。④媒体报道属于公开情报源（所谓情报源是指情报信息的生成端和发送端的总称[1]），可以帮助了解最新时讯，具有时效性，

---

　　〔1〕　赵蓉英. 竞争情报学［M］. 北京：科学出版社，2012：51－52.

方便掌握对手动态。⑤人际网络是球队重要的非公开情报收集渠道，情报工作人员借助人脉资源挖掘正式交流中所不能体现的信息。⑥书刊、档案、学术论文等文献资料同样属于常规的公开或非公开情报源，通过该渠道能够全面、深入地了解、收集竞争对手、本方球队及竞争环境的信息。⑦咨询或聘请熟悉竞争对手的人员（如曾在对手球队工作过的人员）。例如，中国女篮国家队聘请澳大利亚人马赫作为主教练。他曾担任澳大利亚女篮国家队、新西兰女篮国家队主教练，还曾执教过 WNBA（美国女子篮球职业联赛，Women's National Basketball Association）华盛顿神秘人队，对欧美强队非常了解，换句话说，马赫本身就是情报源。⑧高校课题组学者们根据球队需要进行针对性研究（又称"科技攻关服务课题"），研究结果主要以报告的形式提供给球队。⑨可以将篮球竞争情报分析工作外包给社会上的体育公司，让体育公司充分利用其资源为本队提供更优质的情报信息服务，也就是说，主教练不需要指挥助理教练们辛苦地记录数据等信息，而可以在各大数据分析公司订制服务。同理，除了向体育公司购买数据或情报外，也可以短期聘用或将任务外包给社会上的情报专业人士，如专业球探、数据分析师。

5.3.2.3　竞争情报收集方法

有了获取信息的途径，还需要具体的信息采集方法。竞争情报收集方法是在实践中根据竞争情报需求和收集渠道而确定的比较有效的情报信息采集方法。通过调查得知，目前高水平篮球运动队的竞争情报收集方法依次为视频采集法、技术统计法、实地观察法、文献资料法、访谈法（见表37）。

表37　篮球竞争情报收集方法一览表（$N=30$）

	非常多 （5分）	比较多 （4分）	一般 （3分）	较少 （2分）	很少 （1分）	得分均值	排序
视频采集法	24	4	2	0	0	4.73	1
技术统计法	16	5	8	0	1	4.17	2
实地观察法	7	6	10	4	3	3.33	3
文献资料法	2	3	14	5	6	2.67	4
访谈法	2	4	9	6	9	2.47	5

下面对各收集方法进行阐释：①视频采集法主要是通过现场采集、电视直播、Internet 和 Intranet 等，获得所需要的视频资料；借助的主要设备是摄像机、电脑。②实地观察法是指在比赛现场、训练现场以及其他需要的场合，进行文字记录和图片、视频、音频、数据的采集等；借助的主要设备有摄像机、照相机、录音笔、电脑。有不愿透露姓名的 CBA 教练员于访谈时指出，拍摄设备的机位、拍摄角度等非常有讲究，情报工作人员要善于抓住球场具有价值的细节，诸如捕捉对方主教练球场形势变化时的神态变化，观察该神情举止变化引发的战术变化的规律等。所以，情报工作人员应该在球馆中找到一个正确的位置进行观察。球队席的位置往往是最差的，因为不能看到整个场地发生的所有情况，因此找到一个能俯览全场的地方才能看到许多平时看不到的细节，并用自己擅长的方式将想要的信息记录下来。③文献资料法是指通过查阅专著、期刊、论文、网络、档案、报告等获得与所需信息有关的现有资料，但要解决在浩如烟海的文献中选取目标信息的问题；借助的主要设备是电脑。④这里的访谈法主要是指上文提到的非公开情报收集渠道的情报收集方法，即通过人际网络与对方球队人员、篮球专家、学者、著名评论员等交流中获得所需情报信息；必要时可借助录音设备或运用摄像机、电脑。⑤技术统计法是指依据需求设定相应指标后统计本方球队和竞争对手的数据，目前采集数据的手段主要分为人工采集（手动统计），软件或设备辅助采集与统计（专业软件如 Sportscode Gamebreaker、普通软件如会声会影，具体会在"竞争情报分析工具"部分阐述）。而在欧美篮球强国，除上述软件外，被广泛应用的数据采集与统计设备还有 GPS 球员定位软件、以色列的 SportVU 球员追踪系统等。数据追踪系统一直是 NBA 近几年来大力发展的项目，追踪系统能够准确记录球员的每个动作细节、测出球员身体承受力、分析球员强弱项，帮助球队更好地制订战术，帮助裁判更好地执法比赛。2016 年 9 月 23 日，NBA 宣布与 Sportradar 公司和 Second Spectrum 公司签约，从 2017—2018 赛季开始由这两家公司为 NBA 提供专门的数据追踪统计信息，而此前一直是由 Stats 公司负责提供球员追踪分析系统[1]。未来这一数据采集、统计与分析将会由 Second Spectrum 公司负责提供，具体来讲，2017—2018

---

[1] ESPN 新闻网. NBA 与两数据公司签约，加大球员跟踪系统运用 [EB/OL]. (2016 - 09 -23) [2016 -12 -04]. http：//sports. qq. com/a/20160923/000923. htm.

赛季 Second Spectrum 公司会在每个球馆里安装多镜头追踪系统摄像头，这套追踪系统可以提供球员跑动范围，包括他们的跑动覆盖区域、触球点以及防守挡拆能力等更加详细的数据；Sportradar 公司则会为超过 80 个国家提供 NBA、WNBA 以及发展联盟的技术统计。除上述数据追踪系统外，NBA 还在着力发展可穿戴式 GPS 技术。以澳大利亚的运动技术公司——弹弓体育（Catapult Sports）提供的名为 "Catapult" 的可穿戴 GPS 装置为例，通常将该装置嵌入球员的球衣背部、两侧肩胛骨之间。这款装置可以用来检测球员的心率、跑动距离、负荷、速度等生理指数，以每秒 1000 次的速度收集和分析数据后实时传输到教练员配套设备的屏幕上，从而提供黄金信息，帮助球队确定球员的伤病是否会因疲劳恶化，在预防球员伤病的问题上迈出了突破性的一步。由上述示例可以预见，未来的篮球竞争情报领域更会充斥科技感，只有想不到没有做不到。

5.3.3　篮球竞争情报收集子系统的结构及运行

前文已研究出篮球竞争情报收集子系统中的各个要素的具体内容，下面即是讨论如何将各个要素有机地结合起来、使其拥有关联后顺利运行而产生功能（注：其他子系统在 "结构及运行" 部分皆是以将调查出的要素如何串联起来为目的，下文将不再赘述研究初衷；只有三个子系统发挥其应有的功能，才能使三者关联后产生 "整体涌现性"，从而获得篮球竞争情报系统的功能）。

篮球竞争情报收集子系统的各要素为竞争情报收集内容、收集渠道和收集方法，它们之间的关系为：在备战期间，球队竞争情报工作人员一旦接到某项任务后，必须立即从指标库（收集内容指标体系）中寻找能解决该问题的指标，并迅速选择适宜的收集渠道和方法收集相应的数据等资料，之后对所获信息进行初步整理，存储在 "目标数据库"（目标数据库的主要功能在于根据一次特定的竞争情报分析任务，将采集到的竞争信息进行汇集与组织）中以备分析阶段使用。需要说明的是，在开始收集工作之前，明确收集对象是工作的关键。对于竞争对手的识别，可以根据大赛的参赛资格和分组情况、竞争实力等信息，确定主要对手和潜在对手（大体见图 18，如果以本球队为坐标原点，对手可分为直接对手、间接对手和潜在对手三种类型，熟悉度分为比较熟悉、一般了解和基本未知三种情况）。再有，还要明确收集哪个时间段的数据，是全部历史数据（大数据），还是前几轮比赛数据、重点场次比赛数据（如，有专家提出应获知对手近 5 场比赛的综合效率），抑或将这些数据都收集起来组合着看，这是需要根据实际情况做出判断和选择的。另外，竞争情报工作人员还可以在休赛期创建竞争对手的标准化比赛表现档案，以满足长期跟踪频繁交手的对手及在需要做分析时快速提取信息的需要。

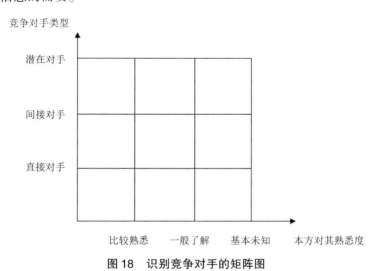

图18 识别竞争对手的矩阵图

5.3.4 实例分析

本研究以 SportVU 系统的应用为例，来解读篮球竞争情报的收集工作。由以色列导弹追踪及光学专家麦基·塔米（Mickey Tamir）在 2005 年研发的应用于军事领域的 SportVU 系统，于 2008 年被美国 Stats 公司收购，现将其集中应用于篮球项目（目前该公司不仅提供 SportVU 系统采集的数据，还从事相应的数据分析服务）。SportVU 是一个由无数装在球馆里的摄像机组成的赛场球员追踪分析系统，通过多角度的多摄像头动态追踪技术（multi camera tracking technology）来捕捉球员在球场里的运动状况，基于此的数据采样，从某种程度上做到了深层次数据采集的细节量化。简单来讲，它好比一个监控器，记录着比赛时间内球员的一切：每一次触球、每一次跑动、每一次切入等都将产生详尽的数据（SportVU 系统追踪的主要指标数据见表38），SportVU 系统会对其进行分析，并进行可视化还原；某位球员的场上效率如何、球队在每回合的得失分如何，这些人工难以及时计算的数据，该系统都可以准确快速地提供。当前 NBA 所有比赛场馆都配备了 SportVU 系统，记录着运动员和裁判员的运动轨迹（如图 19 所示，每座 NBA 球馆上空悬挂着 6 个移动式超高清摄像头，这些摄像头会对每个物体每秒产生 25 组数据，并可以将采集到的数据在 90 秒内通过复杂公式计算后生成比赛报告，并与比赛实况报告即 play－by－play 相结合），该系统的具体运作流程见图 20。我国北京贝泰科技有限公司于 2015 年将该系统引入国内，但仅用于足球项目。

表 38　SportVU 系统追踪的主要指标数据一览表

运动员指标	球队指标	球的指标
速度与距离： ·平均速度、最大速度、即时速度 ·总距离、持球距离	速度与距离： ·平均速度、最大速度、即时速度 ·总距离、持球距离 ·真实比赛速度	轨迹： ·命中或投失 ·干扰球的准确性
投篮： ·区域投篮命中率 ·投篮距离 ·区域投篮倾向 ·投篮记录 ·接球即投	投篮： ·区域投篮命中率 ·投篮距离 ·区域投篮倾向 ·投篮记录 ·接球即投	移动： ·自动化传球、运球、投篮计算 ·投篮或运球与比赛结果的联系 ·运球投篮命中率
传球： ·传球导致助攻百分比 ·传球总次数、平均次数 ·投篮命中率（基于传球者） ·传球距离	传球： ·传球方式 ·传球总次数、平均次数 ·投篮命中率（基于传球者） ·传球距离	
防守： ·基于防守者距离或位置的投篮命中率 ·精确的防守间距 ·球员反应倾向	防守： ·基于防守者距离或位置的投篮命中率 ·精确的防守间距 ·球员反应倾向	速度： ·平均速度、最大速度、即时速度 ·投篮、传球、封盖

续表

运动员指标	球队指标	球的指标
篮板球： · 篮板球（对抗） · 无对抗篮板（无对抗） · 篮板百分率	篮板球： · 篮板球（对抗） · 无对抗篮板（无对抗） · 篮板百分率	防守： · 成功防守 · 成功防守与比赛结果的 联系
触球类型： · 肘部 · 两翼 · 限制区 · 背筐 · 突破	触球类型： · 肘部 · 两翼 · 限制区 · 背筐 · 突破	

注：源自《基于大数据技术对美国职业篮球联赛的研究》[1]。

图19　NBA 球馆上空悬挂的高清摄像头

注：源自 Stats 公司官网。

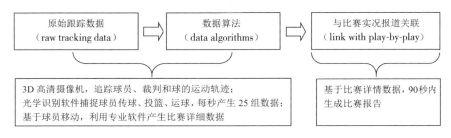

图20　SportVU 系统运作流程

〔1〕　杨振兴，杨军，白洁，等. 基于大数据技术对美国职业篮球联赛的研究［J］. 中国体育科技，2016，52（1）：96－104.

5.4 篮球竞争情报分析子系统

5.4.1 篮球竞争情报分析子系统的构建原则

5.4.1.1 预见性

竞争情报分析应具有远见性或者预见性，如果对竞争对手、本方球队及竞争环境的未来发展、动向分析与预测没有帮助，那么该分析就是失败的。预测未来十分困难，尤其是在信息不充分、不确定且繁多的情况下。但也正因为如此，竞争情报分析才更具有价值。

5.4.1.2 针对性

前文已经提到，收集子系统建立的"篮球竞争情报系统资源数据库"属于常规的、一般情况下的收集，而分析子系统则是根据用户需求、重点而有针对性地收集，而后进行分析。分析必须针对情报用户，特别是管理层的"关键情报需求"，满足其在特定时间、特定场合的信息需求，能帮助他们解决球队战略决策中的实际问题。如果分析没有针对性而流于一般，则失去意义。

5.4.1.3 时效性

竞争情报必须及时，这是由篮球竞争情报的性质决定的，也是由动态竞争环境的发展所决定的。在竞争情报分析中，要考虑现在用来分析的信息是否是最新的，且在竞争情报分析中要注意随时添加最新的信息。

5.4.2 篮球竞争情报分析子系统的组分

5.4.2.1 竞争情报分析主题

硅谷的思维模式为每一项决策都基于扎实的分析[1]，"分析"的

---

[1] 王劈柴. 金州勇士：一支由硅谷精英打造的新时代球队 [EB/OL]. （2016 – 04 – 14）[2016 – 04 – 19]. http://www.guokr.com/article/441359/.

重要性可见一斑。"分析"亦为整个篮球竞争情报系统的核心环节，由篮球竞争情报分析子系统负责，为篮球竞争情报的"制造车间"。在前文概念界定时已经提到，篮球竞争情报是一种分析性情报产品，其产品内容为对竞争对手、本方球队、竞争环境三个方面的调查与评估，并根据评估结果提出多个竞赛备选方案（即策略）以辅助主教练决策。根据篮球竞赛情报实践、参考上述概念以及梳理专家咨询问卷中的见解并与专家探讨后，本研究认为篮球竞争情报分析子系统的分析主题可从宏观上分为"现状""特点""策略"三大类，见图21。

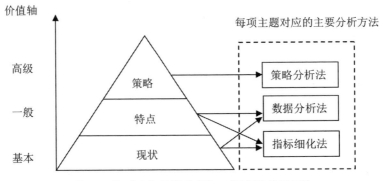

图21　篮球竞争情报分析加工顺序及价值层次

5.4.2.1.1　双方竞技能力现状

一场篮球比赛实则是两支球队竞技能力的较量，因而，竞争情报分析就是以研究竞争对手和本方球队的竞技能力现状为出发点，并将竞争环境现状作为辅助参考因素的分析行为。"现状"主题的调查与分析是竞争情报分析的起点，具体来讲，对于"现状"主题的研究是通过挑选出"篮球竞争情报收集内容指标体系"中的所需指标并收集相应数据后分析得出"现状"结论，之后对"现状"结论做进一步加工得出"特点"结论，再通过"特点"结论研制出"策略"。本研究认为，"现状"的调查与分析可以包括两种类型：①全维度。作用是了解敌我双方整体情况（尤其是对不熟悉的对手），做到了然于胸、心中有数。②重点维度。包括常规情况下关注的重点维度（依据平时总结出的关注"点"的经验）和特殊情况下关注的重点维度（是对全维度分析后加入的重点维度）。

5.4.2.1.2　双方竞技能力特点

"特点"主题的分析类型有两种：①全维度特点的分析（这种情况

并不多见）。②重点维度的重点特点的分析。也就是说，在实战中的竞争情报分析不可能面面俱到，所以应从"现状"结论中提取、分析出主要"特点"（把握最明显、最重要的几点），即抓住竞争对手和本方球队的竞技能力特点、风格，以及判断出竞技能力的优缺点，方可在比较二者的特点等因素后设计出用我方强点打对方弱点的具有针对性的战术方案。

5.4.2.1.3 本方球队竞赛策略

辅助决策是篮球竞争情报系统的终极目的，该目的是通过为决策者提供竞赛策略来实现的。而策略的获得，则是对竞争对手和本方球队两者竞技能力的特点采用比较等方法研究后获得本方球队提升策略和竞争对手应对策略（竞赛策略）。

综上所述，生产加工情报产品的整体思路为：分析大环境中的敌我竞技能力及竞技能力特点，并采用比较等方法对二者进行研究后提出我方参赛策略，见图22。通过前文剖析可知，篮球竞争情报加工的逻辑顺序及价值层次由低到高依次为"现状""特点""策略"，这是三大分析主题、三大环环相扣的分析步骤，是用户的三大情报需求，也是最终生产出的服务于用户的情报产品类型（篮球竞争情报服务内容部分会详尽阐述）。

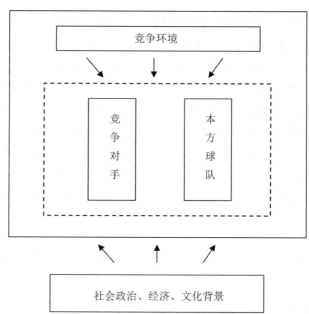

图22 竞争情报三大分析主题之间的关系

5.4.2.2 竞争情报分析方法

竞争情报分析方法是指为了研究某个竞争情报主题而使用的研究方法与手段。根据上文确定篮球竞争情报分析的三大主题，本研究查阅大量国内外资料并求教于专家学者，将上述三大分析主题分解成不同模块来处理，分别有如下几种处理方法：①对"指标"部分的处理——"指标细化法"；②对"数据"部分的处理——"数据分析法"；③对"策略"部分的处理（参赛方案的制订）——"策略分析法"。其中，前两步是对"现状"和"特点"的主要处理方法，第三步则是对"策略"的处理方法，见图23。

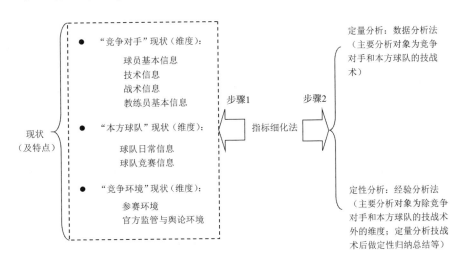

图23　对竞争对手、本方球队、竞争环境现状及特点的分析方法

需要进一步阐述的是，前文已提到建立的篮球竞争情报收集内容指标体系是根本指标，也就是说，分析"篮球竞争情报主题"时都是从"根指标"库中挑取维度，即任何主题的分析都离不开这些根源维度（亦可称"维度库"）。竞争情报分析的则是抽取的维度库中的指标及相应数据等信息资料，而这些信息资料中有的是可以量化研究的，有的则是需要定性的经验分析。那么，从"量化、质化研究"的角度来看竞争情报分析方法，则有：①在"指标细化法"中，将能够升维的定量定性指标做进一步的解构；对维度已经稳定的定性指标做释义或经验性分析；②在"数据分析法"中，对上一步中的定量指标做数据统计与分析；③在"策略分析法"中，通过汇总前两步的结论后做双方竞技能力特点比较和本方竞赛策略制定的定性分析。

5.4.2.2.1　指标细化法

下文将阐述现状的支撑维度，即用收集子系统中的"根指标"描述现状，以"升维"为原则，希望更全面地反映竞争对手、本方球队、竞争环境这三个方面的客观情况。其中，有些指标是通用的统计指标，仅从字面就能理解其含义；有的则有一定指向，需要笔者做内涵诠释。

5.4.2.2.1.1　竞争对手

5.4.2.2.1.1.1　球员基本信息

对球员基础信息的掌握能够帮助本方球队描绘出竞争对手的轮廓，同时又是进行情报深加工的基本素材。具体来讲，概貌是通过以下维度呈现的：①对于本国选手的基本情况，很多业内人士或是通过媒体信息或是经常与其交手，基本可做到了如指掌。但若为跨国比赛，获知别国球员的姓名（相应照片）、号码（号码有时会变）等方面的信息就颇为重要。②球员年龄及球队的年龄结构。年龄数字自然是年轻与否的体现，同时与身体状况、参赛经验和篮球智慧等也具有一定相关性，正所谓"小将"是在群雄争锋的赛场上磨炼成"老将"的，一支球队最好的状态为小将锋芒毕露、老将炉火纯青。③球员位置包括 1 号位（控球后卫或称组织后卫，Point Guard，简称 PG）、2 号位（得分后卫，Shooting Guard，简称 SG）、3 号位（小前锋，Small Forward，简称 SF）、4 号位（大前锋，Power Forward，简称 PF）、5 号位（中锋，Center，简称 C）。在某种程度上说，对方球员位置是分析敌我攻防两端情况的基础要素或基本单位。④通过反映身体形态情况如身高、体重、臂展等（有时还需要克托莱指数、劳雷尔指数等），运动素质情况如速度、力量、弹跳等的信息来判断球员身体特点，从而进行有针对性的攻防布置。此外，强侧手、突破侧等技术习惯也是本方球队布防的重点。⑤首发情况、出场次数、场均时间等能够直观地体现球员于球队中的重要性（主力或核心球员、蓝领球员、角色球员等）。⑥心理素质和比赛经验。关键时刻是否能够承担球队的责任（包括领导能力），比分落后时坚决地进攻、积极地防守、永不放弃的精神等都是球员心理素质或者说心智成熟的体现；细节的处理、犯规的时机和方式、投篮机会的把握等都体现了球员是否具有丰富的比赛经验（包括需要了解球员是否具有国际大赛经验），可以说，将多年的球场经历上升到经验总结与积累的高度是一个好球员必须具备的素质。⑦打球态度（积极与否）。进攻的跑位是否积极有效、回防是否到位、防守的侵略性如何、篮板球的拼抢是否积极等都体现了球员在场上的积极性，包括在替补席专注于比赛、随时关注场上情况、随时准备上场、给队友加油鼓励等都是场下积极性的表现。⑧球员伤病及恢复情况也是需要本方关注的信息。这影响着对方球队的比赛阵容及相应的战术变化，同样也影响着本方战术上的调整，所以在力争获得对手更多的信息后要认真做好案头资料的整理与分析工作，为即将到来的比赛做好充分准备。

5.4.2.2.1.1.2 技术信息

随着篮球运动的发展及人们对篮球运动的认识越发深刻，篮球技术指标被不断地修正、升级、丰富和完善，越发能够准确地反映篮球竞训中球队球员的实际情况。目前，我国对该领域的研究相对滞后，从近年来的文献可以看出研究主要集中在用统计学方法处理技术指标数据，而缺少对技术指标本身的研究，致使篮球技术指标停留在常规技术指标上，即得分、命中率、篮板、助攻、封盖、抢断、失误、犯规。常规技术指标只是对比赛的一个基本概括，仅靠常规技术指标的数据进行分析和预测是不可靠的。鉴于此，本研究在分析竞争对手和本方球队的技术时秉承"升维"的原则，即回归对篮球技术指标本身的研究，深度拓展收集子系统中敌我双方技术指标维度（有的是常规指标或称低阶指标，有的是高阶指标或称进阶指标）。在与专家探讨的基础上采用查阅大量国内外文献资料（国外文献多出自如 stats. nba. com、basketball - reference. com、82games. com、nyloncalculus. com 这类知名网站）的方法，对目前使用的指标进行归纳整理，以期更真实、有效地揭示现状。

（1）得分。在得分（points，PTS）方面，归纳出国内外描述它的12个主要指标，详见图24。释义如下。

①二次进攻得分（second - chance points）是指进攻方首次投篮未进，抢到进攻篮板球得到二度投篮的机会（补篮）得分。

②每次攻守转换得分。攻守转换（possessions，poss）又称"回合"，是比赛的基本片段，一次攻守转换是由一次控制球权开始到对方获得球权为止，即一支球队拥有球权的完整时间。

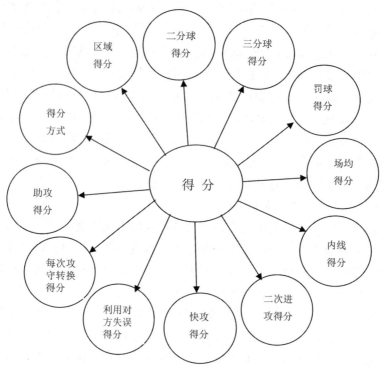

图24　分析得分的指标

③区域得分。NBA 通常将前场划分为 14 个投篮区域（shot zones，见图 25）；在进行区域得分分析时，往往采用可视化分析的方法，即可视化团队工作人员将球员在这 14 个区域的投篮数据用 SportVU 系统全部捕获后绘制成投篮热力型数据地图（heatmap，简称投篮热图），以便更清晰地观察球员在不同区域的投篮情况。例如，将处于 27 岁的勒布朗·詹姆斯（LeBron James）在 2011—2012 赛季的数据和 27 岁的斯蒂芬·库里（Stephen Curry）在 2015—2016 赛季的数据用投篮热图进行比较（见图 26、图 27）。从投篮区域（投中越多颜色越深）来看，詹姆斯在 27 岁时的投篮区域遍及整个半场，虽然中距离投篮不是他的最强项，但总体上看还是属于现象级，半场之内几乎没有任何死角；而他最喜欢的投篮区域无疑是篮下，那个时候詹姆斯凭借惊人的身体优势，只要他能突击到篮下位置，对手基本只能眼看着他得分。库里的投篮区域比较偏向外线，在三分线外拉出一条圆弧；而在篮下，库里偏向正面突击，在三秒区和三分线之间，库里更喜欢在右侧腰位进攻，左侧出手

的情况是极少的。总体来看，27 岁的詹姆斯进攻非常全面，而库里更接近休斯顿火箭队总经理达里尔·莫雷（Daryl Morey）的理想状态，即总是追求出手效益最大化。

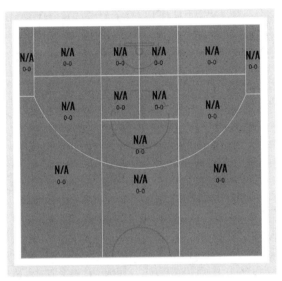

图 25　NBA 的 14 个投篮区域

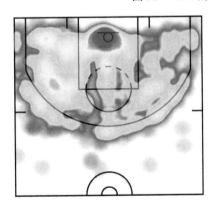

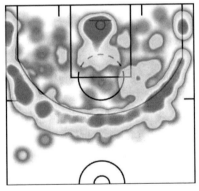

图 26　2011—2012 赛季 27 岁的詹姆斯 图 27　2015—2016 赛季 27 岁的库里
　　　 的投篮热图 　　　 的投篮热图

　　（2）命中率。若得分手的得分数字仅靠出手次数支撑，那么该球员出手次数越多，也许对球队的伤害越大，此类球员俗称"低效率球霸"。故评估进攻方的投篮能力就必须提到一个指标——投篮命中率（field goal percentage，FG%），计算公式为 FG% = FG/FGA，即投篮命中率＝总投中次数/总出手次数。归纳出国内外描述命中率的 12 个主要指标，详见图 28。释义如下。

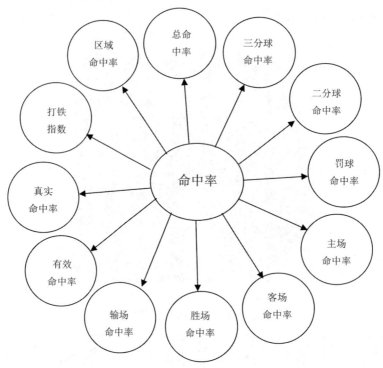

图 28　分析命中率的指标

①有效命中率（effective field goal percentage，eFG%）是对命中率指标的修正，它优化了三分球因素对命中率的影响，即考虑到三分球的价值：一个三分球实际上相当于命中了 1.5 个二分球。Basketball‐Reference 网站认为其计算公式为 eFG%＝（FG＋0.5×3P）/FGA，即有效命中率＝（总投中次数＋0.5×三分球命中数）/总出手次数。

②真实命中率，又称"校正得分率"（true shooting percentage，TS%），它将罚球因素考虑进来，更能公正地衡量进攻方的投篮（二分、三分）和罚球的能力；TS% 高未必得分高，但是一定代表得分相对高效。Basketball‐Reference 网站认为其计算公式：TS%＝PTS/（2×TSA）；TSA＝FGA＋0.44×FTA[1]，即真实命中率＝得分/［2×（投篮

〔1〕　Glossary［EB/OL］.　［2016－11－12］. http：//www. basketball‐reference. com/a-bout/glossary. html.

136

总次数 +0.44×罚球次数）〕。

③打铁指数[1]（brick index）用来衡量一个球员的投篮效率有多糟糕（因篮球和篮筐相撞的声音和打铁声相似，故投篮碰筐而出会发出打铁声音，这类投篮被称为"打铁"）。计算公式：打铁指数 = （52.8% - 真实投篮命中率）×（运动战出手次数 + 罚球出手次数×0.44）/（出场时间/40）[2]。这一数据的作用是将球员真实投篮命中率同联盟平均值比较，估算出一个球员每40分钟"打铁"对球队造成的伤害。该数据通过加权避免了单纯真实命中率的弊端，因为那些出手较少或在内线出手较多的球员的真实命中率总是高得惊人[3]。

④球员在每个区域的投篮命中率不同，且都有自己擅长的投篮区域，这在NBA赛场上被称为"球场甜点"（sweet spots）。区域命中率就是将球员在前场14个区域的投篮情况用SportVU系统全部捕获用以计算不同区域的投篮命中率。以库里的"球场甜点"为例，2015—2016赛季库里投篮分布图显示其在略远于三分线（25英尺附近）（1英尺 = 0.3048米）位置出手率最高，在30英尺附近的命中率可达到67%。这说明库里对远投的倚重，彰显了其远投的自信；同时，库里在三分线或近三分线位置的命中率并不很高，仅有45%（虽然这已经比联盟平均命中率高了9个百分点），可惊奇的是其越往外越准，在距三分线1米位置的命中率还只有43%，但在三分线2米外的命中率居然高达67%，虽然这跟出手少有关，但足以说明其投篮特点和准度。

（3）助攻。在助攻（assists，AST）方面，归纳出国内外描述它的8个主要指标，详见图29。释义如下。

①助攻率（assist percentage，AST%），用来描述队友的进球中有多少来自他的助攻。Basketball - Reference网站认为其计算公式：

$$AST\% = 100 \times \left(\frac{AST}{\frac{MP}{Tm\ MP \div 5} \times Tm\ FG} - FG \right)$$

---

〔1〕 打铁指数是由现任孟菲斯灰熊队篮球运营副总裁、前任ESPN数据分析专家约翰·霍林格（John Hollinger）发明的。

〔2〕 Glossary [EB/OL]. [2016 - 11 - 13]. http：//www. basketball - reference. com/a-bout/glossary. html.

〔3〕 "妖人"领跑本季打铁榜ESPN：乔丹也曾铁无止境 [EB/OL]. (2014 - 1 - 29) [2016 - 11 - 13]. http：//sports. 163. com/14/0129/08/9JOBJH3S00051CA1. html.

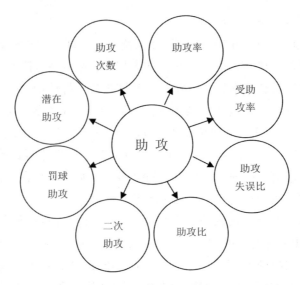

图 29　分析助攻的指标

公式中，*AST%* 为助攻率；*AST* 为助攻数量；*MP* 为个人比赛时间；*Tm MP* 为球队比赛时间；*Tm FG* 为球队投篮命中数量；*FG* 为个人投篮命中数量。助攻率越高意味着球员的助攻能力越强。与之相对应的指标"受助攻率（Ast'd%）"，是一个球员的得分有多少是因别人助攻得来的，即一个球员受助攻的得分占总得分的比例，这项数据的高低并不能反映球员强弱，只是说明其技术特点。

②助攻失误比（assist to turnover ratio，AST/TOV），即总助攻次数/总失误次数，衡量一位球员平均在几次助攻下会出现一次失误，从该项指标可以看出球员传球的稳定性及助攻的成功率。助攻失误比通常用来评价后卫或组织前锋的能力，但其也存在一定缺陷，比如某些既偏重组织又偏重进攻的球员承担的进攻比重比一般控球后卫要高，因此他的失误不完全来自组织，还有自己的进攻。

③助攻比（assist ratio，ASR），指球员每 100 次攻守转换中的助攻次数，衡量的是球员在其参与的攻守转换中助攻的次数。计算公式：

$$ASR = 100 \times [AST/(FGA + 0.44 \times FTA + AST + TOV)],$$

即助攻比 = 100 × ［助攻次数/（出手次数 + 0.44 × 罚球次数 + 助攻次数 + 失误次数）］。

④SportVU 系统支持下的球员追踪数据（player tracking data）中有几项关于分析"传球"的新指标（主要用于分析助攻型球员）。二次助

攻（secondary assists）：如球员 A 传球给球员 B，球员 B 在接到传球后运球 0～1 次，并在 2 秒内传出一次助攻，则球员 A 计一次二次助攻。

罚篮助攻（Free Throw Assists）：如球员在接到传球后运球 0～1 次，并在 2 秒钟之内被犯规（投篮未中，但至少命中一次罚篮），则该传球者获得一次罚篮助攻。"潜在助攻"（potential assists）是 Stats 公司主推的概念，该公司旗下的刊物 *NBA：Inside the Numbers* 提出"潜在助攻"的定义为若球员在接传球后运球 0～1 次，并在 2 秒内投篮，则该传球为潜在助攻。82games 网站在 *Game Charting Insights：The value of a good pass* 一文中指出，"潜在助攻"是一次传球直接引发了一次攻守转换中的事件，事件包括：传球人传球给空位球员，接球人投失；传球人传球给接球人后，接球人投篮被犯规，导致罚球；传球人传球时，接球人由于失误没能接到这次传球。这从根本上扩大了对助攻的理解，以往对助攻的理解是接球人最终必须得分，否则无论传球多么漂亮都将不记为助攻，潜在助攻则增加了最终投失、犯规、失误的传球。可见，潜在助攻代表传球后形成了多少投篮良机，无论这次出手最终是否命中，都已经通过传球创造出机会，这样的机会越多，进攻质量越好。Stats 公司还指出，潜在助攻多是好事，因为潜在助攻多了真正得分的助攻自然也会多起来，但更重要的是潜在助攻的转化率；将潜在助攻成功转化为得分的关键在于投篮点，篮下（0～5 英尺）的总体出手命中率为 57.4%，但如果是接潜在助攻出手，命中率则升至 81.4%，而效率最低的潜在助攻是给长距离（15 英尺）的队友投二分球，命中率的增长幅度很小（见表 39）。也就是说，在不同距离下的投篮，从有潜在助攻情况下的命中率和总体命中率的对比可以看出，在分享球权的情况下命中率都有提高，且提高最多的体现在近篮投射。

表 39　投篮点与潜在助攻命中率的关系

距离	总体命中率	潜在助攻命中率	差值
0～5 英尺	57.40%	81.40%	24.00% ↑
5～10 英尺	41.00%	57.80%	16.80% ↑
10～15 英尺	39.40%	49.20%	9.80% ↑
15$^+$ 英尺二分球	39.30%	43.30%	4.00% ↑
三分球	34.70%	38.50%	3.80% ↑

（4）篮板球。在篮板球（rebounds，简写为REB）方面，归纳出国内外描述它的7个主要指标，详见图30。释义如下。

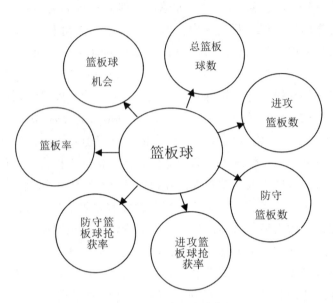

图30　分析篮板球的指标

①SportVU系统对篮板球机会的定义为球员3.5英尺范围内的篮板球，球员在这个范围内都有机会争抢到篮板球。如果球员抢篮板球时3.5英尺范围内有对方球员，这个篮板球就叫竞争篮板球（contested rebounds），可以理解为"抢"篮板；反之就是无竞争篮板球（uncontested rebounds），可以理解为"收"篮板。

②在球队方面，球队进攻篮板球抢获率=进攻篮板球数/（进攻篮板球数+对方防守篮板数），球队防守篮板抢获率=防守篮板球数/（防守篮板球数+对方进攻篮板球数），二者可用来分析球队攻防两端的篮板球表现，同时辅以分析抢到篮板后二次进攻的表现。在球员方面，球员进攻篮板球抢获率（offensive rebound percentage，ORB%）是球员在上场时间内抢获进攻篮板球百分率的估算值，Basketball – Reference网站认为其计算公式：

$$ORB\% = 100 \times \frac{ORB \times (Tm\ MP/5)}{MP \times (Tm\ ORB + Opp\ DRB)},$$

即球员进攻篮板球抢获率=100×［球员抢获进攻篮板球总数×（球队

总出场时间/5）］／［该球员出场时间×（球队抢获进攻篮板球总数 +
对手抢获防守篮板球总数）］。球员防守篮板抢获率（defensive rebound
percentage，DRB%）计算公式：

$$DRB\% = 100 \times \frac{DRB \times (Tm\ MP/5)}{MP \times (Tm\ DRB + Opp\ ORB)},$$

即球员防守篮板球抢获率 =100×［球员防守进攻篮板球总数×（球队
总出场时间/5）］／［该球员出场时间×（球队抢获防守篮板球总数 +
对手抢获进攻篮板球总数）］。

③篮板率（total rebound percentage，TRB%）。传统的篮板数据没
有考虑比赛节奏、双方进攻命中率等因素，为了更客观地衡量篮板拼抢
能力，篮板率的概念应运而生[1]。篮板率综合考虑了影响篮板球的各
种因素，能够衡量在运动战投篮打铁、罚球打铁产生篮板球机会后一名
球员、一支球队抢下篮板的效率。Basketball - Reference 网站认为计算
公式：

$$TRB\% = 100 \times \frac{TRB \times (Tm\ MP/5)}{MP \times (Tm\ TRB + Opp\ TRB)},$$

即球员篮板率 =100×［该球员总篮板球数×（球队总出场时间/5）］／
［该球员出场时间×（球队总篮板球数 + 对手总篮板球数）］，球队篮板
率 =100×（总篮板数×总出场时间）／［总出场时间×（总篮板数 +
对手总篮板数）］。

（5）失误。在失误（turnovers，TOV）方面，归纳出国内外描述它
的 4 个主要指标，详见图 31。释义如下。

失误率（turnovers percentage，TOV%）。在衡量失误方面，很多业
界人士习惯用场均失误，但每支球队的攻防节奏不同，利用场均失误来
对每支球队进行对比并不合理，失误率的概念应运而生。失误率指的是
每 100 回合中失误所占的比重，计算公式：

$$TOV\% = 100 \times TOV/(FGA + 0.44 \times FTA + TOV),$$

即失误率 =100×失误次数/（投篮次数 + 0.44×罚球出手 + 失误次
数）。从公式也能看出，每次进攻的结果只有出手、造犯规罚球（公式
中每次罚球算为 0.44 次出手）、失误这几种结果，将这些因素考虑在内

［1］ 陈瑞博. 2011—2014 赛季美职篮雷霆队进攻战术特征研究［D］. 武汉体育学院，
2015.

后可以规避节奏因素计算每支球队、每个球员的失误率。此外，Sport-VU 系统在对球员的失误进行追踪时，不仅统计失误的次数，还将每次的失误类型（包括传球造成的失误、丢球造成的失误以及其他事件引发的失误）记录下来，以便对失误原因进行分析。

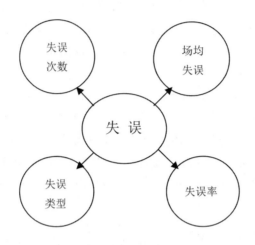

图 31　分析失误的指标

（6）节奏。传统的场均篮板、场均得分在衡量一支球队的篮板拼抢能力、得分能力时充满局限性，其中一部分原因是每支球队节奏不同，有的喜欢打阵地战、有的喜欢打快节奏，这注定了得分、篮板球等基础数据有高低之分，需要将每支球队放置在同一水平线上比较才合理，于是产生了"节奏"的概念。节奏是一支球队每48分钟所使用的攻守转换次数估算值，Basketball – Reference 网站认为其计算公式：

$$Pace = 48 \times (Tm\ Poss + Opp\ Poss) / [2 \times (Tm\ MP / 5)],$$

即节奏 = 48 ×（本队攻守转换次数 + 对手攻守转换次数）/ [2 ×（本队总出场时间/5）]。之所以不能用本队攻守转换次数直接除以比赛场数是因为这其中的本队总出场时间是一个变量，因为存在加时赛的情况，有些球队的总出场时间会相对更多[1]。此外，还有两个与之相关的指标（见图32）。释义如下：

---

〔1〕　网易体育. CBA 进阶数据名词解释（球队篇）［EB/OL］.（2015 – 02 – 02）［2016 – 10 – 30］. http：//sports. 163. com/15/0202/14/AHF599IV00052UUC. html.

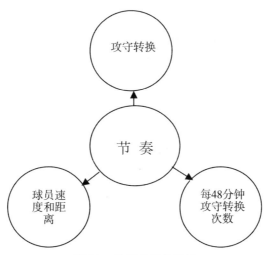

图 32 分析节奏的指标

①前文已多次提到"攻守转换"，这是一个非常重要的概念，定义为：一次攻守转换是由一次控制球权开始到对方获得球权为止，称发生一次球权转换即一个回合的结束。严格来说，要统计每一场比赛的球队回合数需要根据 play–by–play 来逐条判断，遇到进球、最后一次罚球命中、失误等情况则回合数累加，但这显然非常麻烦。因此，一般会采用一个公式来估算回合数。Basketball–Reference 网站认为，一个回合最终的结果是投篮、命中或打铁、失误、造犯规、罚球，另外投篮不中后若抢下进攻篮板重新组织进攻也会影响到球队回合数。计算公式为 $Poss = 0.5 \times \{(Tm\ FGA + 0.4 \times Tm\ FTA - 1.07 \times [Tm\ ORB/(Tm\ ORB + Opp\ DRB)] \times (Tm\ FGA - Tm\ FG) + Tm\ TOV\} + \{Opp\ FGA + 0.4 \times Opp\ FTA - 1.07 \times [Opp\ ORB/(Opp\ ORB + Tm\ DRB)] \times (Opp\ FGA - Opp\ FG + Opp\ TOV)\}$，即攻守转换次数 $= 0.5 \times$｛（球队运动战出手 $+ 0.4 \times$ 球队罚球出手 $- 1.07 \times$［球队进攻篮板数／（球队进攻篮板数 + 对手防守篮板数）］$\times$（球队运动战出手 - 球队运动战进球数）+ 失误数｝+｛对手运动战出手数 $+ 0.4 \times$ 对手罚球出手 $- 1.07 \times$［对手进攻篮板数／（对手进攻篮板数 + 球队防守篮板数）］$\times$（对手运动战出手 - 对手运动战进球数 + 对手失误数)｝。还有另一种算法，NBA 官网和 ESPN 官网认为：$Poss = FGA + 0.44 \times FTA - ORB + TOV$，即攻守转换次数 = 投篮次数 $+ 0.44 \times$ 罚篮次数 - 进攻篮板数 + 失误。攻守转换次数是一场比赛的基本单位，许多次的攻守转换组成了一场比赛，不同技术风格的球队

其攻守转换次数不同。从攻守转换次数这个角度分析更能深刻理解比赛，教练员可以根据球队的技术风格制订相应战术去获取比赛的主动权，从而赢得胜利。

②球员速度和距离。SportVU 系统能够采集球员在赛场上的每一个动作细节，包括球员在场上短跑、慢跑、站立、向前向后行走等系列动作，并计算出 48 分钟内的移动距离、平均速度等。与攻守转换次数所反映的整体比赛节奏相比，高科技数据则是从细节上反映比赛节奏。

（7）球员效率。在评估球员效率或贡献率方面，归纳出国内外描述它的 9 个主要指标，详见图 33。释义如下。

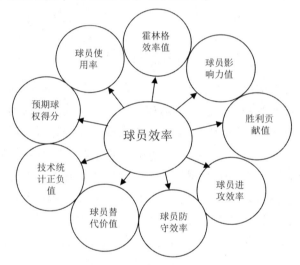

图 33　分析球员效率的指标

①球员效率值又称"霍林格效率值"（Player Efficiency Rating，以下简称PER）[1]，衡量的是一个球员的每分钟贡献，是将一个球员的运动战进球、罚球、三分、助攻、篮板、盖帽、抢断等积极贡献，以及打铁、失误、犯规等消极贡献记录下来，通过加权集成综合而成，便可以对不同位置、不同年代的球员进行评估和比较的高阶指标[2]。这个概念有两个关键点需要谨记：第一，这个数据衡量的是每分钟贡献；第

---

〔1〕　"PER"是由篮球数据分析专家约翰·霍林格提出，每年的数据都会统计到他的专著 *Pro Basketball Forecast/Prospectus* 中。

〔2〕　网易体育. 什么是球员效率值（PER）［EB/OL］. （2015 – 01 – 15）［2016 – 11 – 23］. http：//sports. 163. com/15/0115/13/AG0LAAD000052UUC. html.

二，这个数据是节奏调整后得出的。因为，在"每分钟"这个前提下就可以比较两个球员，哪怕他们出场时间并不相同；而节奏调整后就可以比较两个身处节奏不同球队的球员的效率，哪怕一支是慢节奏阵地战型球队与一支是跑轰型球队。目前，ESPN 等权威媒体都在采用这项数据评估球员效率，虽然存在着如球员在防守端贡献并不能很好地从 PER 中体现出、整体型打法的球员在这项数据上相对吃亏、并不适合跨赛季比较、对一些抽象因素无法体现（如领袖气质、耐用性、规则变化对数据的影响）等问题，但没有任何一项数据能够做到面面俱到、完全合理，相对而言 PER 已经是非常权威的统计方法，颇具参考价值。更何况现如今数据统计越来越多样化，更多的数据结合在一起，能够相对合理地评估球员。PER 的演算如下：第一步，uPER（unadjusted PER，可译为"准 PER"）的计算：$uPER = (1/MP) \times \{3P + (2/3) \times AST + (2 - \text{factor} \times Tm\ AST/Tm\ FG) \times FG + FT \times 0.5 \times [1 + (1 - Tm\ AST/Tm\ FG)] + (2/3) \times Tm\ AST/Tm\ FG - VOPTO - VOP \times DRBP \times (FGA - FG) - VOP \times 0.44 \times [0.44 + (0.56 \times DRBP)] \times (FTA - FT) + VOP \times (1 - DRBP) \times (TRB - ORB) + VOP \times DRBP \times ORB + VOP \times STL + VOP \times DRBP \times BLK - (PF \times \lg FT/\lg PF) - 0.44 \times \lg FTA/\lg PF \times VOP\}$。第二步，aPER（adjusted PER，可译为"修正 PER"）的计算，即上一步得到的 uPER 还需要加以修正：$aPER = (\text{pace adjustment}) \times uPER$。这里，pace adjustment = $\lg Pace/Tm\ Pace$；$pace = 48 \times (Tm\ Poss + Opp\ Poss) / [2 \times (Tm\ Mp/5)]$；$poss = FT + 0.44\ FM - Tm\ ORB + Tm\ TO$。可见，aPER 旨在消除球队打法快慢对数据带来的影响。第三步，$PER = aPER \times (15/aPER\text{lg})$，用意是再一次消除联盟的影响。如果球员所处时期联盟防守松懈，球员数据大涨，那么这项计算就会使得数据相应贬值[1]。

②球员影响力值（Player Impact Estimate，以下简称 PIE），该指标用来评估一名球员对球队的影响力，即球员在场上做的所有事对其球队产生的影响，满分为 100 分，球员影响力值更多的是反映球员对球队的影响，其值并不是真正的个人效率值。计算公式：$PIE = (PTS + FGM + FTM - FGA - FTA + DREB + 0.5 \times OREB + AST + STL + 0.5 \times BLK - PF - TO) / (Gm\ PTS + Gm\ FGM + Gm\ FTM - Gm\ FGA - Gm\ FTA + Gm\ DREB +$

〔1〕 Hollinger J. Pro basketball forecast/prospectus [M]. Oxford：Potomac Books Press，2005：69.

$0.5 \times Gm\ OREB + Gm\ AST + Gm\ STL + 0.5 \times Gm\ BLK - Gm\ PF - Gm\ TO$）。

③球员进攻效率（Offensive Rating, ORtg）[1]是球员在比赛中每100个回合得到的分数，计算公式：球员进攻效率 = 100 ×（球员得分/球员回合数）。该公式主要涉及两部分：A. 球员回合数 = 得分回合 + 投失球回合 + 投失罚球回合 + 失误。得分回合 =（投篮命中部分 + 助攻部分 + 罚球命中部分）×［1 -（球队进攻篮板/球队得分回合）× 球队进攻篮板权重 × 球队战术%］+ 进攻篮板部分。其中，投篮命中部分 = 投篮命中 ×｛1 - 0.5 ×［（得分 - 罚球命中）/（2 × 投篮出手）］× 助攻质量｝；助攻质量 =［上场时间/（全队上场时间/5）］× 1.14 ×［（球队助攻 - 助攻）/球队命中］+（球队助攻/全队上场时间 × 上场时间 × 5 - 助攻）/（球队命中/全队上场时间 × 上场时间 × 5 - 投篮命中）×（1 - 上场时间/全队上场时间/5）；助攻部分 = 0.5 ×｛［（球队得分 - 球队罚球命中 -（得分 - 罚球命中）］/［2 ×（球队投篮出手 - 投篮出手）］｝× 助攻；罚球命中部分 =［1 -（1 - 罚球命中/罚球出手）]^2 × 0.4 × 罚球出手；球队得分回合 = 球队罚球命中 +［1 -（1 - 球队罚球命中/球队罚球出手)^2］× 球队罚球出手 × 0.4；球队进攻篮板权重 =［（1 - 球队进攻篮板%）× 球队战术%］/［（1 - 球队进攻篮板%）× 球队战术% + 球队进攻篮板% ×（1 - 球队战术%）］；球队进攻篮板% = 球队进攻篮板/［球队进攻篮板 +（对手总篮板 - 对手进攻篮板）］；球队战术% = 球队得分回合/（球队投篮出手 + 球队罚球出手 × 0.4 + 球队失误）；进攻篮板部分 = 进攻篮板 × 球队进攻篮板权重 × 球队战术%。投失球和投失罚球回合公式：投失球回合 =（投篮出手 - 投篮命中）×（1 - 1.07 × 球队进攻篮板%）；投失罚球回合 =［（1 - 罚球命中/罚球出手)^2］× 0.4 × 罚球出手。B. 个人得分产出 =（个人得分产出投篮命中部分 + 个人得分产出助攻部分 + 罚球命中）×［1 -（球队进攻篮板/球队得分回合）× 球队进攻篮板权重 × 球队战术%］+ 个人得分产出进攻篮板部分。其中，个人得分产出投篮命中部分 = 2 ×（投篮命中 + 0.5 × 三分命中）×｛1 - 0.5 ×［（得分 - 罚球命中）/（2 × 投篮出手）］× 助攻质量｝；个人得分产出助攻部分 = 2 ×｛［球队投篮命中 - 投篮命中 + 0.5 ×（球队三分命中 - 三分命中）］/（球队投篮命中 - 投

---

［1］ 篮球数据分析专家迪恩·奥利弗博士在其著名的 *Basketball on Paper* 一书中提到球员和球队的进攻效率和防守效率。

篮命中)｝×0.5×［（球队得分－球队罚球命中）－（得分－罚球命中）］／［2×（球队投篮出手－投篮出手）］×助攻；个人得分产出进攻篮板部分＝进攻篮板×球队进攻篮板权重×球队战术％×｛球队得分/｛球队投篮命中＋［1－（1－球队罚球命中/球队罚球出手）^{2}］×0.4×球队罚球出手｝[1]。

④球员防守效率（defensive rating，DRtg）是球员在比赛中每100个回合让对手得到的分数。计算个人防守效率的核心是先计算出个人防守成功次数，个人防守成功次数由两部分组成：一部分是球员个人封盖、抢断和防守篮板的数据，另一部分是由于防守球员的防守压力所造成的对手的失误或投失。将防守成功次数用S表示，其公式为S＝S1＋S2。S1＝抢断＋封盖×迫失权重×（1－1.07×对方进攻篮板％）＋对方篮板×（1－迫失权重），其中，迫失权重＝［对方投篮％×（1－对方进攻篮板％）］／［对方投篮％×（1－对方进攻篮板％）＋（1－对方投篮％）×对方进攻篮板％］；对方进攻篮板％＝对方进攻篮板数/（对方进攻篮板数＋球队本方防守篮板）；对方投篮％＝对方投进次数/对方总投篮次数；S2＝｛［（对方投篮次数－对方投进次数－球队封盖）/球队时间］×迫失权重×（1－1.07×对方进攻篮板％）＋［（对方失误－球队抢断）/球队时间］×球员个人时间＋（球员个人犯规/球队犯规）×0.4×对方罚球次数×［1－对方罚进次数/对方罚球次数］｝^{2}。有了前面的基础，就可以计算出防守成功次数比例，公式如下：防守成功次数％＝（防守成功次数×对方上场时间）/（本方球队回合数×本方球员上场时间）；个人防守效率＝球队防守等级＋0.2×［100×对方平均每个回合得分×（1－防守成功次数％）－球队防守效率］；球队防守效率＝100×（对方得分/球队回合数）；对方平均每个回合得分＝对方得分/｛对方投进次数＋［1－（1－对方罚进次数/对方罚球次数）^{2}］×对方罚球次数×0.4｝；球队得分回合数＝球队投进次数＋［1－（1－球队罚进次数/球队罚球次数）^{2}］×球队罚球次数×0.4；这里，球员的个人进攻效率和球队的防守效率在公式上很相似，球员个人进攻效率＝100×（球员个人得分/球员总回合数）；球队防守效率＝100×（对方球队得分/球队攻守转换次数），含义都是每100个

---

［1］ Calculating Individual Offensive and Defensive Ratings［EB/OL］.［2016－10－26］. http：//www. basketball－reference. com/about/ratings. html.

回合中本方得分的能力和限制对方得分的能力，但是球员的进攻得分并不是每场比赛中直接统计的得分，而是由投篮、助攻、罚球、球队进攻篮板、球队得分回合数、球队进攻篮板权重、球队进攻成功比这几项经过一定的形式转化而来的，转化形式为个人得分 = （投篮 a + 助攻 b + 罚球 c）×（1 − 球队进攻篮板/球队得分回合数 × 球队进攻篮板权重 × 球队进攻成功%）+ 进攻篮板 d，而对方球队得分即是我们每场比赛中统计的得分，这是二者的主要区别。

总之，个人进攻效率与球员在球队中扮演的角色有很大关系。在球队进攻端中扮演的角色越重要，其保持较高个人进攻效率就越难；在球队进攻端中起到的作用越小，其越容易取得较高的个人进攻效率。因此，在分析比较球员个人进攻效率指标时不能只单一比较数据，还需要结合球员在球队的实际情况。大大受到全队个人防守效率防守效率影响，说明防守更是一项团体协作技术，单个防守成功不能算成功，全队只有在防守上联系起来，形成一道防守网才能发挥防守的最大力量；反之，一名球员的个人防守能力再强，如果其同伴的防守能力较差，或与同伴形成不了有机配合，那么这名防守球员的成绩也不会好。

⑤胜利贡献值（win shares，WS）[1]是为统计一名球员每年为球队贡献了多少场胜利而发明的概念。通常来说，如果一支球队赢下了某场比赛，那么该队所有球员的胜利贡献值之和就等于 1。胜利贡献值是累加的数字，如球员 A 在第一场比赛得到了 0.4 的胜利贡献值，第二场比赛得到了 0.12 的胜利贡献值，则该球员这个赛季的胜利贡献值为 0.4 + 0.12 = 0.52。另外需要注意，胜利贡献值允许为负数，即"这名球员的表现实在是太糟糕了，产生了负面的影响，拿走了他队友所产生的胜利贡献值"。胜利贡献值的计算公式：win shares = defensive win shares（防守胜利贡献值，简称 DWS，衡量球员在防守端的表现）+ offensive win shares（进攻胜利贡献值，简称 OWS，衡量球员在进攻端的表现）。此外，还有 WS/48（win shares per 48 minutes），即球员每 48 分钟的胜利贡献值。

⑥技术统计正负值（box plus/minus，BPM）[2]是通过一个球员在

---

〔1〕 最初是由比尔·詹姆斯（Bill James）为统计一名棒球运动员每年为球队贡献了多少场胜利而发明的概念。

〔2〕 之前被称为"高级统计正负值"（Advanced Statistical Plus/Minus），是由丹尼尔·迈尔斯（Daniel Myers）提出的。

技术统计表上的信息，以及他所在球队的整体表现，来估算他相对于联盟平均水平而言的表现好坏[1]，即球员每百次进攻中与联盟平均值相比能多得几分，这是一项能体现一个球员有多"鹤立鸡群"的数据。如 BPM 值为"0.0"是联盟平均水平，值为"+5"表示相比一个平均水平的球员，该球员在每百回合里能帮助球队多赢 5 分（这差不多是历史巨星的运动生涯平均水平）；值为"-2"是替补球员的水平，而值为"-5"就相当糟糕了。此外，还有体现攻防两端与联盟均值比较的数据，即进攻正负值（offensive box plus/minus，OBPM）和防守正负值（defensive box plus/minus，DBPM）。

⑦球员替代价值（value over replacement player，以下简称 VORP）[2]是指该球员与可替换球员的绝对价值差，是该球员在球场上起到的作用与联盟该位置平均水平的球员的差异。也就是说，VORP 计算的是该名球员与理论上的"替代球员（replacement player，底薪球员或者非常规轮换球员）"相比所体现的价值，如若 VORP 值低就是易于替换的，高则是无可替代的。

⑧预期球权得分（expected possession Value，EPV）[3]是指每次篮球球权的状态都有一个值，这个值由一个篮球事件的概率所决定，其结果为该次球权的总预期得分。NBA 比赛的每次球权得分平均值接近于 1 分，其预期得分的准确值又随着场上瞬息万变的突发事件不断波动。通过计算任意比赛的任意时刻预期球权得分，能够以一种更为复杂精细的方式对球员的表现进行量化评估。

⑨球员使用率（usage percentage，以下简称 Usg%），是指当一个球员在场时他所掌控的球权所占整个球队的百分比。其实也可以说是球权使用率，但是这个球权指的是球员支配球的次数（投篮，助攻，失误），计算公式：$Usg\% = 100 \times [(FGA + 0.44 \times FTA + TOV) \times (Tm\ MP/5)] / [MP \times (Tm\ FGA + 0.44 \times Tm\ FTA + Tm\ TOV)]$，即球员使用率 = $100 \times [$（球员出手次数 + 0.44 × 球员罚球次数 + 球员失误次数）×

---

〔1〕 Daniel Myers. About Box Plus/Minus（BPM）〔EB/OL〕．〔2016-11-07〕. http://www.basketball-reference.com/about/bpm.html.

〔2〕 由棒球统计分析专家基斯·乌尔内（Keith Woolner）提出 Value Over Replacement Player。

〔3〕 "预期球权得分"的概念及计算公式是由丹·瑟沃尼（Dan Cervone）和德阿莫尔（Alexander D'Amour）在 2013 年发明的。

（球队所有球员上场时间/5）]／［球员上场时间/（球队所有总球员出手次数＋0.44×球队所有球员罚球次数＋球队所有球员失误次数）]。客观而言，一支球队的某名球员 Usg% 数据太高并不是件好事，说明该队在进攻体系中对其依赖过大。

（8）球队效率。在评估球队效率或贡献率方面，归纳出国内外描述它的4个主要指标，详见图34。释义如下：

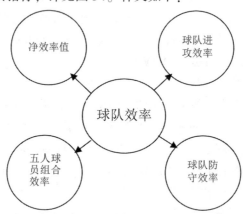

图34　分析球队效率的指标

①球队进攻效率（offensive rating，ORtg）指的是每100回合得分，传统的场均得分因为受到节奏影响并不能完美体现一支球队的进攻优良程度，但进攻效率的概念摒弃了节奏的影响，能更直观、公正地体现一支球队的进攻。回合数的计算公式：0.5×｛（球队运动战出手＋0.4×球队罚球出手−1.07×［球队进攻篮板数/（球队进攻篮板数＋对手防守篮板数）]×（球队运动战出手−球队运动战进球数）＋失误数｝＋｛对手运动战出手数＋0.4×对手罚球出手−1.07×［对手进攻篮板数/（对手进攻篮板＋球队防守篮板数）]×［对手运动战出手−对手运动战进球数）＋对手失误数]｝。一个回合最终的结果是投篮、命中或打铁、失误、造犯规、罚球，另外投篮不中后若抢下进攻篮板重新组织进攻也会影响到球队回合数。在通过公式计算出一支球队的回合数后，通过得分除以这个回合数便能知道一支球队每回合的得分是多少，进而得出进攻效率。与进攻效率相比，人们通常会更多地使用场均得分来描述一支球队的进攻能力，但是却忽略了两支球队的得分高低有可能是因为比赛节奏（回合数）的不同。例如，节奏较慢的球队 A 每场比赛可以获得40次进攻机会，从中得到80分；另一支节奏较快的球队 B 每场比赛可以获得70次的

进攻机会，但从中只得到90分。如果从得分来看，球队B的进攻能力要强于球队A，但事实上，球队B的进攻机会比球队A多了75%，得分却只多了12.5%，实在很难认为球队B的进攻能力要强于球队A。因此，当需要更科学地衡量球队进攻能力时往往会采用球队每百回合得分。

②球队防守效率（defensive rating，DRtg）指的是一支球队每100回合失分，通过计算出每支球队每场比赛、整个赛季的回合数，我们可以计算出每支球队每回合、每100回合的失分，从而避开节奏影响，将所有球队的防守数据放在同一水平线上进行比较。回合数的计算公式：回合数 = 0.5 × ［球队运动战出手 + 0.4 × 球队罚球出手 – 1.07 × 球队进攻篮板数/（球队进攻篮板数 + 对手防守篮板数）×（球队运动战出手 – 球队运动战进球数）+ 失误数］+［对手运动战出手数 + 0.4 × 对手罚球出手 – 1.07 × 对手进攻篮板数/（对手进攻篮板 + 球队防守篮板数）×（对手运动战出手 – 对手运动战进球数）+ 对手失误数］。一个回合最终的结果是投篮、命中或打铁、失误、造犯规、罚球，另外投篮不中后若抢下进攻篮板重新组织进攻也会影响到球队回合数。在通过公式计算出一支球队的回合数后，通过得分除以这个回合数便能知道一支球队每回合的得分是多少，进而得出防守效率。此外，还有 Net Rating（NetRtg），即攻防效率差值（又称"净效率值"），是每100回合得分差。

③五人球员组合效率是根据球队所有在场上的五名球员的效率值，统计每次五名球员的组合方式[1]。一般而言，一支球队在一场比赛中会出现20多种组合以应对场上不同情况。对比不同组合在各个分指标上的数据，得出球队最佳组合方式。通过五人组合效率对比分析，球队可以找出更有效率的攻防方式，有的组合模式进攻能力强，有的组合模式防守能力强，有的则攻守平衡。教练员可以根据以往比赛五人组合效率数据，针对不同对手和场上的需要合理地排兵布阵。

（9）决胜时刻。目前对于决胜时刻的概念学界尚不能统一观点。82games 网站认为，如果比赛结束前3分钟两支球队的分差不超过5分，那么从此时到比赛结束的时间段（3分钟或8分钟，可能包括决胜期）为比赛决胜时刻[2]。美国的哈特维希（Hartwig）在《比赛处于危险状

---

［1］ 朱洪涛. 篮球技术统计指标体系的研究［D］. 北京体育大学，2015：71 – 72.

［2］ The NBA's best clutch scorers［EB/OL］.［2016 – 11 – 13］. http：//www. 82games. com/clutchplayers. htm.

态时的最后一分钟打法》中指出，据统计，现代篮球比赛的胜负有一半以上是在比赛的最后 1 分钟才定局的，并且在这段时间出现了一套新的紧逼战术，因此最后 1 分钟的战术打法已成为决定比赛胜负的关键。王世安在《篮球》中指出，所谓关键球是指比赛最后 1 分钟左右时，双方比分未拉开，交替上升，没有明显的领先或落后。北卡罗来纳大学篮球队（North Carolina Tar Heels）教练迪恩·史密斯（Dean Edwards Smith）在 *Basketball：Multiple Offense and Defense*（《篮球：多重进攻与防守》）一书中就提出了最后 1 分钟的战术理念[1]。北京体育大学毕仲春教授在《当代篮球比赛决胜时刻攻防技战术结构分析》中指出，决胜时刻核心时间是以比赛的结束时间为起点，以逐渐增加的方式，逐步向外推演，由 0 秒逐渐增加，1 秒、2 秒、3 秒，直至更多时间，并首先以在临近比赛时间结束的 24 秒内，比赛双方比分差距在 3 分以内（包括 3 分）时，为决胜时刻核心时间[2]。决胜时刻的表现包括罚球、助攻、篮板球、盖帽、抢断、失误、投篮命中率等，通过对决胜时刻表现的分析，教练员可以知道哪些球员在比赛紧要关头表现稳定（这样的球员被称为 clutch scorer 或 clutch player，图 35 显示詹姆斯在 2015—2016 赛季骑士队决胜球出手中遥遥领先，于球队中为 best clutch scorer）。那么在决定比赛胜负的时间段内，教练员就可以有的放矢，针对球员关键时刻的不同表现选择究竟把哪些球员留在场上。例如，在临近比赛结束时球队需要追分，可以把决胜时刻敢于出手承担责任的球员替换上场，而不一定要把球队的主要得分手留在场上做关键时刻投射。常规的罚球命中率统计并不能代替关键时刻的罚球（clutch free throws）统计，通常状况下的高罚球命中率也并不意味着球员能在有压力的情况下保持罚球稳定。在决胜时刻，一些平时罚球命中率很高的球员可能会投失，而一些平时罚球较差的球员也可能会表现出色。总的说来，对决胜时刻表现的分析可以让教练员在紧要关头更清醒地安排球员，利用球员的特长为争取比赛的胜利服务，使教练员的排兵布阵有更广阔的空间。

除上述指标外，还有抢断、封盖（如封盖数、封盖率、被盖率、对

〔1〕 Dean E Smith. Basketball：Multiple Offense and Defense ［M］. New Jersey：Prentice - Hall Trade，1981：66.

〔2〕 毕仲春，潘祥，张勇. 当代篮球比赛决胜时刻攻防技战术结构分析 ［J］. 北京体育大学学报，2009，32（7）：105 - 108.

跳投的盖帽、对近距离投篮的盖帽、对扣篮的盖帽）、制造犯规数，除失误外的负面数据——犯规（如犯规数、进攻犯规、盖帽犯规比、失误犯规比），指标还涉及具体的类型，如投篮类型（包括跳投、不含扣篮的篮下得分、扣篮、补篮）以及像 82games 这样的网站喜欢用的"净值"（两值相减所得净值）等。总而言之，技术指标是记录分析篮球比赛的有效工具之一，是对比赛过程的高度概括，通过组合数据分析可以在最短的时间对比赛有大致理解。基于对篮球本质的认识不断加深及高科技的不断融入，个人技术统计指标也随之不断被修正和添加（如近年来出现了一些新指标"潜在助攻命中率""加成投篮命中率"等），所以本研究建立的"指标库"也是需要与时俱进的。

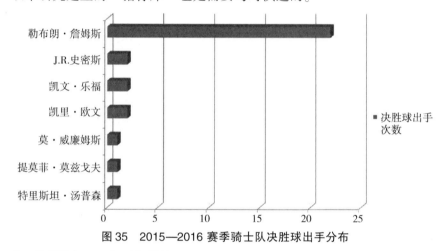

图 35　2015—2016 赛季骑士队决胜球出手分布

注：数据源自 Inpredictable 网站。

5.4.2.2.1.1.3　战术信息

收集竞争对手战术信息是指收集其攻防战术体系的信息，进而剖析现状、归纳特点和倾向性（风格、强弱项等），即观察与分析现状、总结特点为制订本队战术提供依据。具体来讲，篮球战术是篮球比赛中全体球员为战胜对手而合理运用技术、相互协调配合和组织整体配合所采取的合理有效的计谋和行动[1]。从现有国内研究可以看出，篮球战术体系主要包含的内容见图 36、图 37。越成熟的球队，其篮球战术体系中的每项战术设计得越完善，并根据球员特点来确定的擅长打法和风

---

〔1〕　杨桦. 现代篮球战术 ［M］. 北京：北京体育大学出版社，2012：37.

格。本研究正是依据现有战术体系理论设计的专家调查，获得篮球竞争情报收集所需的竞争对手战术信息。

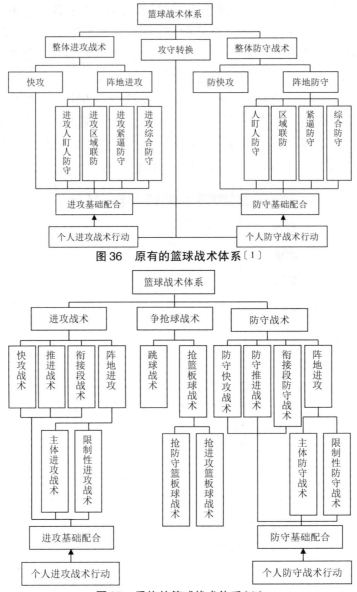

图36　原有的篮球战术体系[1]

图37　重构的篮球战术体系[2]

〔1〕　张勇．现代篮球战术体系的系统研究［D］．北京体育大学，2005：26.

〔2〕　张勇．现代篮球战术体系的系统研究［D］．北京体育大学，2005：21－22.

（1）阵容组合。竞争对手在阵容配备上会采取优化组合，使全队竞技实力得到最大限度的发挥，有效地制约对手，并能针对不同的对手配备不同的阵容，以期出奇制胜，夺取比赛胜利。追求完美阵容可以追溯到詹姆斯·奈史密斯（James Naismith）发明篮球的年代，且在最近十几年得到了加速。目前，国内教练员调配阵容多半是凭借经验。"你靠自己的感受来用兵，问题是，你经常用错了"，NBA 教练皮特·卡勒西莫（Peter J. Carlesimo）说。阵容的组合是非常微妙的事，五名最好的球员未必是最好的组合，只要有一个人不合适，这套阵容就会出问题。另外，比赛的情况不一样，一套阵容的具体组成也会有所变化。印第安纳大学统计学教授韦恩·温斯顿（Wayne Winston）与麻省理工著名体育统计学家杰夫·萨加（Jeff Sacca）共同创建了"Winval"系统，该系统包括一个阵容计算器，能够展示每套阵容的比赛效果以及对手的反应。达拉斯小牛队老板马克·库班（Mark Cuban）在 2000 年聘请温斯顿作为数据分析专家，将该数据系统用于小牛队的排兵布阵，帮助小牛队在 2011 年总决赛中击败热火队获得总冠军。还有一个典型的阵容量化分析受益者的例子，勇士队在 2014—2015 赛季总决赛逆转骑士队，靠的就是数据分析带来的变阵效应。勇士队通常把斯蒂芬·库里（Stephen Curry）、克莱·汤普森（Klay Thompson）、德雷蒙德·格林（Draymond Green）、哈里斯·巴恩斯（Harrison Barnes）、安德烈·伊戈达拉（Andre Iguodala）这五个人组成的阵容称为小阵容，因为他们之中最高的是注册身高 2.03 米的巴恩斯。很多人称这个阵容为"死亡五小"，因为在进攻端，他们的速度和能够拉开的空间无人匹敌，在防守端，他们的强度和灵活的转换也让对手胆寒。ESPN 篮球评论员杰夫·范甘迪（Jeff Van Gundy）说："每个人都在试图模仿勇士，每支球队都想找到自己的王牌阵容。"由上述例子可见阵容的重要性，及其未来发展趋势可谓是大数据分析下的排兵布阵。所以，在收集竞争对手阵容组合信息时，要统计其有几套常规阵容并预测其是否会出"奇兵"，尽量在分析竞争对手阵容时采用定性与定量相结合的方式。

（2）常用进攻战术。

①观察基础配合。战术基础配合是两三人之间有目的、有组织的配合行动方法。战术基础配合是构成全队攻守战术配合的基础，也是技术与战术相互联系的纽带。进攻基础配合有传切配合、突分配合、掩护配

合和策应配合，是分析对方整体战术的基础。收集战术基础配合信息，把握对手擅长的、常用的配合，能够帮助本队了解对手进攻趋势（首先要分析是机动行为还是固定配合，若是后者就可以归为该球队的进攻倾向性），如该球队是否喜欢打挡拆，是高位挡拆还是边路的挡拆。

②观察进攻人盯人防守和区域联防的战术。进攻人盯人防守和区域联防战术是阵地进攻战术系统中的一种战术类型，是根据防守的区域范围和队员的防守能力，结合本队的实际而设计的扬长避短的全队半场进攻战术。每个球队都有自己擅长的打法和风格，战术的设计也是根据球队的人员特点来确定。例如，20世纪90年代的芝加哥公牛队和近10年的洛杉矶湖人队都是采用三角进攻战术，国王队的普林斯顿进攻也是闻名遐迩，跑轰战术以2005—2006赛季的太阳队最为突出（目前的火箭队和勇士队也略有这个特色）；CBA球队如以杜峰为教练的广东队则主要采用牛角战术，北京队则是围绕1～4 High体系来进攻。所以，作为一名篮球科研教练要分析一支球队的整体战术，不能光看简单的战术路线和战术暗号，更重要的是熟知各种体系的基本站位和路线，才能使分析更加清晰有效[1]。

③观察进攻紧逼防守的战术。进攻区域紧逼防守战术是队员根据一定的战术指导思想，在全场范围内按照一定的阵势，有组织、有策略地进行协调配合的方法。观察对方紧逼战术，一般是看对方应对紧逼时是利用特殊的人还是特殊的战术。

④观察快攻与衔接段的战术。快攻是防护方由防守转入进攻状态后，队员以不同方式在最短时间内将球推进至前场，争取造成人数上、区位上或相对能力上的优势，果断而迅速完成攻击的进攻战术；衔接段进攻是指进攻方将球快速推进到前场后，在没有直接形成较好的上篮或者空位投篮的机会下，趁对方防守未完全落位或未进入集体阵地防守之际发动2～3人或全队有目的的小范围配合的进攻战术。收集对手快攻和衔接段信息，观察对手是否喜欢打此类战术，比如，CBA辽宁队就是喜欢打攻守转换的球队，利用郭艾伦的速度在攻守转换时突破对手防线，对于一些攻守转换速度比较慢的球队来说，这样的转换速度会让其焦头烂额。

---

〔1〕《篮球运动教程》编写组. 篮球运动教程［M］. 北京：北京体育大学出版社，2013：21.

⑤观察掷界外球战术。掷界外球战术是对手在特殊情况下所运用的进攻战术配合方法，具有固定配合的特征，是全队进攻战术体系的组成部分，通常在本队掷边线或端线界外球时运用。掷界外球战术的合理与熟练运用能创造出高命中率的投篮机会，并对对手具有很强的杀伤力，即使无法立刻获得高命中率的投篮良机，也可直接过渡到全队阵地进攻配合中，快速转入既定的常规进攻战术方案，保持进攻战术运用的连续性。所以，要熟知各掷界外球战术体系的基本站位和路线方能对对手战术有所辨别，比如，CBA（中国男子篮球职业联赛）各队最钟爱边线掷界外球的箱式站位，利用拉链式配合的下掩护为投手创造投篮机会，同时可以为低位的换防设计低位进攻机会。如图 38 所示，以右侧边线掷界外球为例，5 号为投手 2 号做一个下掩护，掷界外球队员 1 号可以传给借助 5 号掩护后获得空位的 2 号或直接传球给 5 号低位进攻。如图 39 所示，如 2 号没有选择投篮，则由 4 号在弱侧为 3 号做一个下掩护，由 2 号传给 3 号。如 3 号没有出手机会则继续运球至侧翼传球给 4 号，低位进攻。如低位进攻也无法实现，则启动既定的半场进攻战术。箱式站位的伸缩式配合，其站位对破解 1 – 2 – 2 联防和 1 – 3 – 1 联防非常有效，这种站位使内线的快速进攻成为可能。如图 40 所示，以右侧边线界外球为例，5 号为 1 号做下掩护，3 号可以选择直接传给 1 号或传给 5 号低位进攻，同时 4 号在弱侧为投手 2 号做下掩护。如图 41 所示，1 号可以传给 2 号投篮，同时 3 号借助 5 号的底线掩护内切，5 号做完掩护后再接受 1 号的下掩护上提。如图 42 所示，如 2 号没有选择投篮也没有传给借助 5 号的底线掩护后内切的 3 号，也可以传给 5 号，在弱侧底线的 3 号可以给 4 号做横掩护，后者接 5 号的高低位传球攻击内线。

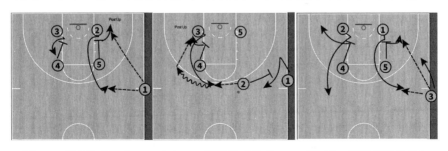

图38　掷界外球战术 1　　　图39　掷界外球战术 2　　　图40　掷界外球战术 3

图 41　掷界外球战术 4

图 42　掷界外球战术 5

⑥观察特殊战术。特殊战术的类型比较多，如每节结束前最后一次进攻战术、暂停结束后的一次进攻战术、绝杀球战术（决胜时刻）等。以罚球战术为例，2016—2017 赛季山东队客场对阵上海队，丁彦雨航在最后时刻进行罚球，若两罚全中则比赛就将进入加时，但第一罚未中。于是，在最后一次罚球时他有意不投中，并准确地将球砸向篮筐且弹到从三分线冲过来的睢冉那边，使睢冉抢到篮板球后补篮将比分扳平。

此外，在上述战术中还需要注意：观察主要攻击点和结束方式（倾向性）。譬如，NBA（美国男子职业篮球联赛）官网利用 Synergy 的技术全程记录比赛中每一回合的终结方式，他们把所有进攻回合总结分类为 10 种主要的典型方式：①转换进攻（Transition）；②孤立单打（Isolation）；③挡拆后持球人终结（Ball Handler）；④挡拆后挡拆人接球终结（Roll Man）；⑤低位背身（Post – Up）；⑥定点（Spot – Up）（包括定点接球后跳投和定点接球后切入袭篮）；⑦手递手（Hand Off）；⑧无球掩护（Off Screen）；⑨空切（Cut）；⑩二次进攻（Putbacks）（只限于抢到前场篮板后不传球直接出手）。总之，篮球战术分析已由过去单纯地看对方路线，转变为看对方的习惯攻击方式、战术打哪个点、战术设计出的机会、对方的优势是什么等方面。

（3）常用防守战术。在观察对手常用防守战术方面，有教练指出："收集此类情报，简单地说，就是收集对方应对我方固定战术的一些特殊的防守配合的方法。"另外，有篮球科研教练指出，主要是看对方的防守趋势（球队的防守策略），包括是否有联防，是什么样的联防；进球后或罚球后的全场防守战术，是包夹还是延缓对方节奏；防挡拆的策略，像广东队防挡拆基本采用交换的策略，因为易建联具备防守小个子对手的能力[1]。本研究认为,依据上述专家的思路,收集的常用防守战术信息还应包括打破得分僵局的战术(如利用紧逼防守来追分)、砍鲨战术(Hack‐a‐Shaq)等诸如此类的特殊防守战术。充分掌握对方防守体系,找出其防线漏洞,才能在本方进攻中无往而不利,比如,获知对方防守体系中的某名队员快速移动调位不好,便专门攻击这个点。

5.4.2.2.1.1.4　教练员基本信息

篮球场上的对抗不仅是球员之间的较量,更是教练员之间执教智慧与执教理念的博弈。具体来讲,需要关注的竞争对手教练员信息主要如下:①执教经历。教练员履历是教练员基本情况的概述,尤其在参加国际大赛时,收集教练团队信息就非常有必要(国内教练员信息由于经常交手基本上会很了解,国外则不然)。了解其带过什么队、参加过什么比赛、带队成绩如何,通过这些信息可以挖掘出其执教能力和水平概貌,还可以通过观察其所带球队运用的战术情况对其战术理念、战术安排方面的强项(或习惯、喜好)等做一个基本判断。需要说明的是,战术理念和指导原则是战术体系的意识层面和理论层面,而具体战术则是战术体系的实际操作层面。②若能获知对方教练员篮球理念(包含战术理念、执教理念等方面,亦称篮球哲学,实为进攻和防守的主要原则,属篮球造诣范畴),就能更进一步探知对方球队战术体系的安排和设计,让备战事半功倍,更具针对性。例如,马刺队主教练格雷格·波波维奇(Gregg Popovich)在21世纪初期连续走访欧洲,学习欧洲的篮球理念,这不仅影响其为球队选择更多国际球员,而且使欧洲教练关于移动进攻和联防的战术成为波波维奇的喜好(后来这一战术也成为21世纪前10年马刺队采用的主要战术。在这个战术体系中,防守是波波维奇篮球哲学的核心理念)。总之,在波波维奇篮球理念下构建的马刺体系一直在打养生团队篮球,球队核心都保持着良好的状态,替补也得到充分地锻炼,马刺队在十几年里战绩稳定,一直都能进季后赛,且都是冠军的有力争夺者。③在临场指挥方面,应收集教练员对上场阵容的安排和队员的使用情况、暂停与调度队员的习惯及变化、战术暗号(语言或手势传达作战意图)等信息,分析出该队何时变阵、变战术,如何变阵、变战术(包括特殊战术),从而进行本方的战术布置和应对。正如CBA某位主教练提到的,

---

〔1〕《篮球运动教程》编写组. 篮球运动教程〔M〕. 北京:北京体育大学出版社, 2013:37.

我方摄像机的摆设位置非常重要，要在合理的位置运用摄像头抓住对方主教练因球场形势变化发生的神态变化，和观察该神情举止变化引发的战术变化的规律等。此外若有额外精力，还可以分析诸如教练员性格特点等细节信息，这些都是具有专业素养的情报工作人员收集与分析的素材。

5.4.2.2.1.2　本方球队

描述本方球队竞技能力现状的维度主要包括球队日常信息、球队竞赛信息两大方面，正如进行调查时专家所言，需要的本方球队信息是获知本队队员状态和技战术准备情况，同时还要在比赛中检验防守任务的完成（如防守战术的运用、对方核心球员的防守）、进攻战术的贯彻执行等情况。由于此部分的一些指标已在前文分析"竞争对手"时做了说明，所以不再赘述。①在球队日常信息方面。要收集球员技术信息，并做技术特长分析，也就是说要善于观察球员，将每一名球员的长处发挥到极致，当然还要根据球员弱项制订相应的训练计划，弥补不足；要对球员运动素质（速度、力量、弹跳等）做定期测量与评估，以期科学地提升球员体能；战术素养和篮球理念属于球员意识层面上的问题，在训练场上和训练结束后都要与球员多交流，了解其篮球哲学、战术理念等；对球员心理素质的考察，可以通过球员竞训表现来考察其是否发挥稳定，从而获知其能否被委以重任完成重要场次比赛、能否成为球队精神领袖等；对个别球员领导能力的考察是指每支球队都需要核心球员来促成团队的凝聚，要判断谁具备这样的领袖气质和号召力（往往让具备这样气质的人当队长）；球员打球态度（积极与否、训练比赛时的职业精神等）是球员精神内核的体现，也是球员备战状态的一个侧面反映；球员与队友、教练员的融洽程度，以及球队的文化建设（包括更衣室文化），此方面信息的收集是为了给本队提升凝聚力、增强团队合作意识建言献策；把握球员伤病及康复情况，做好阵容调配安排及相应的战术设计；根据球员特点设计攻防两端战术，明确擅长打法、建立球队战术风格，从而形成一套完整的战术体系（大致包含30～40套战术）；在阵容安排上，前文已经提到，国内往往依靠教练员的感觉、经验做出几套阵容的安排，本研究建议科研教练可以使用NBA的"Winval"系统来做数据分析，并将其产生的排兵布阵议案递交给主教练，其中包括建议的首发名单等。②在球队竞赛信息方面。对于球队、球员的技术统计（得分、命中率、篮板球、助攻、抢断、封盖、犯规、失误、比赛节奏、球员效率、球队效率、决胜时刻）已经做过常规指标和高阶指标的分析。此外，还要在比赛中检验阵容组合效果、评估攻防战术运用和任务完成情况，赛后科研教练将比赛中出现的问题提出来并做好剪辑，在下一次视频会上播放，利用视频说明问题，并在训练和比赛中改进。

5.4.2.2.1.3 竞争环境

前文已经提到，竞争环境是竞争情报分析时的次要考虑因素，主要从参赛环境、官方监管与舆论环境两个方面着手。①在参赛环境方面。了解场地地面的材质（木地板、塑胶或水泥）、场地的灯光条件、篮筐情况（是松是紧）、球队席与场地的距离远近、更衣室设备情况等；在裁判员信息方面，科研教练应在开赛前从日常建立的工作档案中提取裁判员信息，如职业判罚水平、判罚习惯、籍贯及文化政治背景等（包括考虑客场作战时是否会产生由裁判员判罚引起的主场优势），将信息汇总后第一时间提供给主教练，令其可以在开赛前想出应对方案；在球队作战时除了享受本队球迷的摇旗呐喊外，还要面对对方球迷的嘘声甚至谩骂，曾有国内外大批学者对赛场氛围做了专题研究，认为只有在赛前预测出球场上可能发生的由球迷、观众、DJ 和 MC 营造的氛围（倒喝彩或助威）以及突发事件，才有可能排除不必要的干扰、化解压力而全身心地投入比赛[1]。此外，赴比赛地交通情况、比赛地地理位置和气候、风俗习惯及食宿情况，也是赛前需要关注的方面，尤其是参加国际大赛时必须做好充分的准备，如置备衣物、带上符合球员胃口的餐食、向球员讲清抵达目的地后不要做与当地民俗背道而驰的事，以免徒惹事端。②在官方监管与舆论环境方面。中国篮球协会审定的《篮球规则》每两年做一次调整，每四年做一次修改，要及时把握新变化并巧妙地将规则为己所用；掌握竞赛章程即竞赛秩序册信息，了解本次大赛基本情况及各参赛球队报名情况；与本队有关事件的舆情方面，有专家指出此方面不予以考虑（意思是专注比赛足矣），但本研究认为，通过媒体信息了解球迷和观众的意见、观点有利于预测赛场氛围，以便本队做好心理准备；在官方消息方面，主要包括官方政策的颁布、官方处罚、政府态度等，比如在 2016—2017 赛季 CBA 联赛第 23 轮北京对阵山东的比赛中，翟晓川穿着非联赛指定服装，中国篮球协会给予其通报批评并核

---

〔1〕 刘宇，刘丹. 足球运动竞赛情报基本内容的初步研究 [J]. 中国体育科技，2012，48（5）：27－35.

减北京首钢俱乐部联赛经费 2 万元人民币，类似这样的事件多少会使球员产生一定负面情绪而影响其训练和比赛。

5.4.2.2.2　数据分析法

著名科技期刊 *Nature*（《自然》）于 2008 年第一次推出 *Big Data*（《大数据》）专刊。*Science*（《科学》）在 2011 年 2 月推出 *Dealing with Data*（《数据处理》）专刊，围绕科学研究中的大数据问题展开讨论，点明了大数据科研的重要性。麦肯锡全球研究院（Mckinsey Global Institute）于 2011 年 6 月发布研究报告 *Big data：The next frontier for innovation，competition，and productivity*，对大数据的影响、关键技术和应用领域等进行了详尽分析，指出大数据将是带动未来生产力发展和创新及消费需求增长的指向标[1]；2012 年以来，对大数据的关注度与日俱增。2012 年 3 月，美国政府发布了 *Big Data Research and Development Initiative*，该计划使大数据上升至国家战略。高德纳咨询公司（Gartner Group）[2]在一年一度的技术成熟度曲线[3]（hype cycle，见图 43）报告中指出，大数据已进入膨胀期，并将在未来 2 ~ 5 年进入发展高峰期。可见，大数据时代已经全面降临，并深入各行各业，其中也包括篮球运动项目。

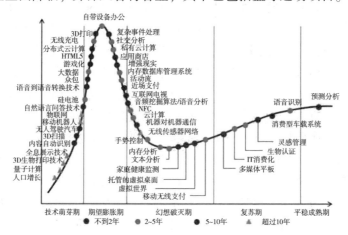

图 43　Gartner Group 2012 年技术成熟度曲线

〔1〕　大数据应注意的几个误区［C］//科学媒介中心 2015 年推送文章合集（上）. 北京：中国科普作家协会，2016.

〔2〕　Gartner Group 是全球最具权威的 IT 研究与顾问咨询公司。

〔3〕　技术成熟度曲线又称技术循环曲线、光环曲线或炒作周期，是指企业用来评估新科技的可见度，利用时间轴与市面上的可见度（媒体曝光度）决定要不要采用新科技的一种工具。

　　目前关于大数据的定义众说纷纭，比较有代表性的观点见表 40。在大数据时代全面到来之前，由于信息的匮乏，人们为了研究方便而发明了一些使用尽可能少量信息做研究的技术，其中，统计学的目的就是用尽可能少的数据来证实尽可能重大的发现[1]。而大数据时代的到来不仅意味着拓宽了统计学的研究范畴、丰富了研究内容、增强了统计学的生命力，还使其发生了 4 个重要转变（见图 44）。所以，在大数据时代转变统计工作的大环境下，篮球数据统计与分析同样会发生变化，诸如不使用随机分析法这样的捷径而采用分析所有数据的方法，正所谓"篮球大数据"[2]时代已经到来。因而，本研究在对"数据分析法"这一部分进行研究时，选取 2012 年为起始点（有调查称 2012 年为"大数据元年"）的篮球技战术数据分析文章作为调查对象，来探讨我国篮球竞争情报在技战术数据分析上使用方法的现状。

表40　关于大数据定义或特点具有代表性的观点

提出观点的人物或机构	大数据的定义或特点
维基百科（Wikipedia）	大数据指的是所涉及的资料规模巨大到无法通过目前主流软件工具，在合理时间内对其撷取、管理、处理的数据集
约翰·劳泽（John Rauser）	大数据指任何超过了一台计算机处理能力的数据
麦肯锡全球研究所（Mckinsey Global Institute）	大数据指无法在一定时间内用传统数据库软件工具对其进行抓取、管理和处理的数据集
马雷·艾德里安（Merv Adrian）	大数据指超出了常用硬件环境和软件工具在可接受的时间内为其用户收集、管理和处理的数据集
国际数据资讯公司（International Data Corporation）	大数据是一个看起来似乎来路不明的大的动态过程，但是实际上，大数据并不是一个新生事物，虽然它确实实正在走向主流并引起广泛的注意；大数据并不是一个实体，而是一个横跨很多IT边界的动态活动
格雷布林克（Grobelink M）	大数据具有三个特点，即多样性（variety）、大量性（volume）、高速性（velocity），又称3V特点

[1]　维克托·迈尔-舍恩伯格，肯尼思·库克耶. 大数据时代：生活、工作与思维的大变革［M］. 盛杨燕，周涛，译. 杭州：浙江人民出版社，2013：67.
[2]　篮球大数据（Big Data of Basketball），是指篮球赛事所涉及的数据资料量规模巨大到无法通过人脑甚至主流软件工具，在合理时间内达到撷取、管理、处理、并整理，运用新处理模式使数据具有更加详细、全面和系统的信息资产。

提出观点的人物或机构	大数据的定义或特点
布莱恩·霍普金 (Brian Hopkins) 和鲍里斯·埃威尔森 (Boris Evelson)	除了格雷布林克给出的特性外，大数据还具有易变性（variability）的特点，即4V特点
刘念真	除了格雷布林克给出的特点外，大数据还具有真实性（veracity）和价值性（value），即6V特点

资料来源：本研究整理。

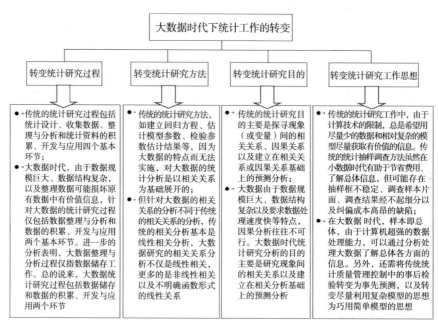

图44　大数据时代下统计工作及统计研究的四个转变[1]

　　本研究的"数据分析法"，是指统计分析篮球比赛中技战术数据以生产篮球竞争情报的方法。此部分研究的数据源自中国知网数据库的体育类核心期刊论文，具体数据来源见表41。

---

　　〔1〕 朱建平，章贵军，刘晓葳. 大数据时代下数据分析理念的辨析 [J]. 统计研究，2014，31（2）：10－19.

表 41　本研究数据来源一览表

	内　容
数据来源	中国知网数据库
检索格式	主题词"篮球技战术分析"
时间跨度	2012—2016 年
文献类型	体育类核心期刊论文
检索结果	93 篇期刊论文

5.4.2.2.2.1　灰色关联分析

灰色关联分析（Grey Relational Analysis，GRA）是灰色系统理论提出的一种系统分析方法。灰色系统理论把一般系统论、信息论和控制论的观点和方法延伸到社会、经济、生态、医学等抽象系统，结合数学的方法，发展为解决信息不完备系统的理论和方法。该理论是由邓聚龙教授创立并发展起来的，应用领域包括企业的经济效益评价、农业发展水平评估、国防竞争力测算、工程领域等[1]。对于多指标的篮球技术统计数据，如何确定比赛得分或比赛名次与其他篮球技术统计指标之间的关系等是很有意义的研究问题，而常用的统计学方法是 Pearson 相关性分析法。由于每种统计学方法都有其自身的独特性，所以结合多种方法来综合评判比赛得分和名次与其他技术统计指标的关系就非常具有意义。采用灰色关联分析方法来解决上述问题的不乏其人，比如，徐伟宏等采用灰色关联分析和 Pearson 相关分析方法对第 30 届奥运会男篮比赛的常规技术统计指标与比赛得分的相关性进行分析，旨在找出影响第 30 届奥运会比赛得分的主要技术统计指标[2]；秦勇等运用灰色关联分析的方法计算出各项技术指标与比赛最终结果的关联度，步骤是确定参考序列和比较序列、作原始数据变换、求绝对差序列、计算关联系数、计算关联度、排关联序、列关联矩阵进行优势分析[3]。以上研究主要集中在灰色关联分析方法运用于篮球比赛的得分或名次与其他常规技术统计指标的相关性问题方面，为各球队合理分析本队的制胜因素及科学竞训提供参考。

〔1〕　孙振球，王乐三. 医学综合评价方法及其应用［M］. 北京：化学工业出版社，2006.

〔2〕　徐伟宏，高治，任波，等. 第 30 届奥运会男篮比赛常规技术统计指标与得分相关关系分析［J］. 武汉体育学院学报，2013，47（12）：92 - 96.

〔3〕　秦勇，林闯. CBA 联赛近 5 年冠军球队主要技术指标与比赛得分情况的统计分析［J］. 西安体育学院学报，2012，29（3）：371 - 375.

5.4.2.2.2.2　秩和比法

秩和比法（Rank Sum Ratio，RSR）是我国统计学家田凤调教授于1988 年提出的，该方法广泛应用于医疗卫生领域的多指标综合评价、统计预测预报、统计质量控制等各方面[1]。对于多指标的篮球技术统计问题，秩和比法可以得到很好的应用，比如曹卫华使用秩和比法和TOPSIS 法对 2010—2011 赛季 17 支参赛队攻防实力进行研究，结合两种综合评价方法，对联赛整体攻防能力的评价更加客观和准确[2]；李国锋运用秩和比法为第 30 届奥运会女子篮球比赛的 12 支队伍的综合实力建立了评价标准[3]；刘永峰运用秩和比法对参加第 26 届亚洲男子篮球锦标赛的 15 支队伍的攻防能力分别进行综合评价，建立了对参赛各队的综合实力进行评价的标准，同时找出中国男子篮球队的优势与不足[4]；王昌友将 2009—2012 赛季 CBA 外籍球员分为后卫、前锋、中锋三个位置来进行秩和比法评价[5]；李宁认为，仅凭 CBA 联赛排名并不能完全反映出球队的综合能力，所以采用秩和比法对 2012—2013 赛季CBA 联赛各队的进攻、防守及其攻防综合能力进行量化分析，将球队分级分类[6]；侯向锋等运用 RSR 等方法对 2012—2013 赛季 WCBA 联赛各参赛队的攻防实力进行综合量化评价分析，并将前 4 名队伍的攻防技术统计指标进行对比分析[7]；刘治运用秩和比法对第 12 届全运会男篮八强队伍的进攻和防守能力分别进行综合评价[8]；李国等选取秩和比法研究公认的 5 级评价标准，对第 30 届奥运会女子篮球项目参赛球

〔1〕　孙振球，王乐三. 医学综合评价方法及其应用［M］. 北京：化学工业出版社，2006.

〔2〕　曹卫华. CBA 2010—2011 赛季各队攻防实力对比与竞争格局分析［J］. 体育学刊，2012，19（2）：109 – 115.

〔3〕　李国锋. 第 30 届奥运会中国女篮与对手攻防能力的差异对比研究［J］. 南京体育学院学报（社会科学版），2012，26（6）：116 – 123.

〔4〕　刘永峰. 第 26 届亚洲男子篮球锦标赛中国队与对手攻防实效的对比研究［J］. 中国体育科技，2012，48（1）：54 – 61.

〔5〕　王昌友. 2009—2012 赛季 CBA 外籍球员比赛能力分析［J］. 成都体育学院学报，2013，39（2）：66 – 69，73.

〔6〕　李宁. 2012—2013 赛季 CBA 联赛参赛球队攻防能力对比研究［J］. 广州体育学院学报，2013，33（5）：90 – 94.

〔7〕　侯向锋，光晖，王焘焯. 2012—2013 赛季 WCBA 各参赛队攻防实力比较分析［J］. 中国体育科技，2013，49（6）：19 – 28.

〔8〕　刘治. 第 12 届全运会男篮（成年组）八强队伍攻防能力的综合评价［J］. 成都体育学院学报，2013，39（10）：66 – 71.

队攻防技术指标进行评价分析[1]；李国锋运用秩和比法为第30届奥运会男子篮球赛的12支队建立了综合实力的评价标准[2]；蔡冠蓝运用秩和比法对参加第37届欧洲男子篮球锦标赛的24支球队的进攻和防守能力分别进行综合评价，并选用5级评价指标，建立了对参赛各队的综合实力进行评价的标准[3]；侯向锋等运用秩和比法等对第27届亚洲男子篮球锦标赛各参赛队的攻防实力进行综合量化评价[4]；耿建华等运用秩和比法等对2013—2014赛季中国男子职业篮球联赛各参赛球队的竞技攻防实力给予综合等级评价分析，并将四强球队的攻防技术指标进行比较分析[5]；张飙运用秩和比法对2014—2015赛季CBA总决赛6场比赛进行分析[6]；侯向锋等运用秩和比法等对2014篮球世界杯24支参赛队伍的前8名进行量化指标分析，并对前4名技术统计分别进行分析比较[7]；王晓春等运用秩和比等方法对2014—2015赛季CBA季后赛与非季后赛球队的攻防竞技能力给予综合等级评价分析，探求季后赛与非季后赛球队在比赛攻防竞技能力方面的差距[8]；张利超等采用RSR法对CBA联赛2014—2015赛季20支参赛球队的攻、防能力进行综合性的量化评价并进行分级和排名，使CBA各队认清自己的优势与劣势，为其训练与比赛提供参考，以推动CBA联赛各队运动水平的提高[9]；朱焱等根据正态分布原理，选择比较适合篮球比赛统计分析的5级评价

[1] 李国，马德森，孙庆祝. 第30届奥运会女子篮球项目参赛球队技术统计的 RSR 分析 [J]. 中国体育科技，2013，49 (3)：43 – 50.

[2] 李国锋. 第30届奥运会中国男子篮球队与竞争对手攻防能力的对比研究 [J]. 南京体育学院学报（自然科学版），2013，12 (1)：48 – 53，62.

[3] 蔡冠蓝. 第37届欧洲男子篮球锦标赛各球队攻防能力的对比研究 [J]. 南京体育学院学报（社会科学版），2013，27 (3)：108 – 116.

[4] 侯向锋，光晖，李鑫. 第27届亚洲男子篮球锦标赛中国队与对手攻防实力比较 [J]. 上海体育学院学报，2014，38 (2)：87 – 94.

[5] 耿建华，王建刚. 2013—2014赛季CBA联赛各参赛球队攻防竞技实力的比较研究 [J]. 中国体育科技，2015，51 (1)：28 – 35，49.

[6] 张飙. 2014—2015赛季CBA总决赛冠亚军队 RSR 综合评价分析 [J]. 武汉体育学院学报，2015，49 (11)：82 – 86，100.

[7] 侯向锋，赵晋，景小俪. 2014篮球世界杯前8名球队的攻防能力分析 [J]. 中国体育科技，2015，51 (3)：49 – 55.

[8] 王晓春，朱焱. 2014—2015赛季CBA季后赛与非季后赛球队攻防竞技能力比较研究 [J]. 山东体育学院学报，2015，31 (3)：83 – 89.

[9] 张利超，马潇曼. 2014—2015赛季CBA联赛参赛球队攻防能力的对比研究 [J]. 广州体育学院学报，2016，36 (2)：85 – 88.

法，选取秩和比研究公认的 5 级评价标准，对 2014—2015 赛季 CBA 季后赛各参赛球队攻、防技术指标进行评价分析[1]；郭洪亮运用秩和比法等对 2015—2016 赛季 CBA 常规赛前八强球队攻防实力进行综合量化评价分析[2]；岳冀阳对 2014—2015 赛季 WCBA 队伍比赛 12 支球队比赛进行统计分析，运用秩和比法对各支球队的进攻、防守以及攻防实力进行综合评价，评价标准采用秩和比法 5 级评分量表，建立进攻、防守以及攻防综合能力评价标准[3]。综上所述，秩和比法在篮球技战术数据分析中的应用较广泛，主要集中在进攻能力、防守能力和攻、防整体能力的综合评价问题方面，对球队的科学训练提供了可行性参考。

5.4.2.2.2.3　TOPSIS 法

TOPSIS 法（technique for order preference by similarity to ideal solution, TOPSIS）意为逼近于"理想解"排序法，是系统工程中常用的多因素优选方法，可以对研究对象涉及的相关指标进行量化排序，从而实现对研究对象的综合评价。其基本思想：同时考虑研究对象的各个指标与"理想解"与"负理想解"之间的距离，获取评价对象与"理想解"的相对接近程度，实现对评价对象的优劣分析[4]。TOPSIS 法在篮球技战术分析中应用的文章如下：曹卫华采用 TOPSIS 法和 RSR 法相结合的手段，对篮球职业联赛 2010—2011 赛季 17 支参赛队攻防能力指标进行量化评价，揭示当前我国篮球职业联赛球队的攻防实力及竞争格局，为提高我国的篮球技战术水平提供参考[5]；李国等运用 TOPSIS 法对第 30 届奥运会中国男子篮球队与对手小组赛攻防技术数据进行统计分析，并对中国队与对手整体攻防实力进行对比研究[6]；赵晋通过 TOPSIS 法对 2014—2015 赛

〔1〕　朱焱，周殿学. 2014—2015 赛季中国男子篮球职业联赛季后赛各参赛球队攻、防能力比较研究［J］. 中国体育科技，2016，52（1）：105－112.

〔2〕　郭洪亮. 2015—2016 赛季 CBA 常规赛前八强球队攻防实力比较分析［J］. 南京体育学院学报（自然科学版），2016，15（4）：57－61，87.

〔3〕　岳冀阳. 我国高水平女篮队伍竞技能力评价分析［J］. 沈阳体育学院学报，2016，35（2）：112－117.

〔4〕　李国，孙庆祝. 第 30 届奥运会中国男子篮球队与对手攻防指标的 TOPSIS 分析［J］. 中国体育科技，2013，49（1）：88－95.

〔5〕　曹卫华. CBA 2010—2011 赛季各队攻防实力对比与竞争格局分析［J］. 体育学刊，2012，19（2）：109－115.

〔6〕　李国，孙庆祝. 第 30 届奥运会中国男子篮球队与对手攻防指标的 TOPSIS 分析［J］. 中国体育科技，2013，49（1）：88－95.

季中国女子篮球联赛前 4 名球队的攻、防技术数据进行统计分析，并对山西队与对手整体攻、防实力进行对比研究[1]。由上可知，TOPSIS 法应用于篮球技战术数据分析的文章相对较少。TOPSIS 法可以和其他综合评价方法结合使用，以弥补一种综合评价方法对数据分析的不足。

5.4.2.2.2.4 回归分析

回归分析（regression analysis）是一种应用极为广泛的数量分析方法，它用于分析事物之间的统计关系，侧重考察变量之间的数量变化规律，并通过回归方程的形式描述和反映这种关系，帮助人们准确把握变量受其他一个或多个变量影响的程度，进而为预测提供科学依据[2]。利用回归分析进行篮球技战术分析的研究很早就有，自 2012 年始的相关研究如下：张学领利用线性回归模型分析影响比赛的四因素（有效投篮命中率、进攻篮板球率、每次球权主动获得球率和罚球率）对比赛结果的效能，探索美国男篮比赛制胜模型[3]；章翔采用逐步回归法（stepwise regression）对 NBA 与 CBA 所有球队的技术统计中，总得分与其他技术统计指标之间的线性关系进行专题研究，并在此基础上对 NBA 和 CBA 球队的相关技术统计进行比较分析[4]；张学领分析 2010—2011 赛季至 2014—2015 赛季中职篮常规赛 1502 场和季后赛 132 场的比赛数据，以每 100 次控球权的比赛绩效表现为基础，运用多元线性回归方法对总体绩效指标进攻效率和防守效率建立一种回归模型，对其分解指标有效投篮命中率、失误率、进攻篮板率和罚球率建立第二种回归模型，分别研究其在中职篮比赛中对胜率的作用[5]；刘永峰（2016）以篮球比赛中与控球相关指标变量为切入点，通过对 2014—2015 赛季 NBA 和 CBA 比赛中与比赛控球实效相关的指标变量进行非条件 Logistic 回归分析，预测 NBA 和 CBA 的控球实效与相关指标之间的

〔1〕 赵晋. 2014—2015 赛季中国女子篮球联赛前 4 名球队攻、防指标的 TOPSIS 分析 [J]. 中国体育科技，2015，51（5）：40 - 44.
〔2〕 薛薇. SPSS 统计分析方法及应用 [M]. 3 版. 北京：电子工业出版社，2013：29 - 30.
〔3〕 张学领. 基于比赛节奏的美国男篮制胜模式研究 [J]. 北京体育大学学报，2013，36（6）：141 - 145.
〔4〕 章翔. NBA 与 CBA 球队技术统计的逐步回归分析及比较研究 [J]. 北京体育大学学报，2014，37（1）：134 - 138.
〔5〕 张学领. 中国男子职业篮球联赛常规赛和季后赛绩效表现的回归分析 [J]. 中国体育科技，2016，52（2）：129 - 134.

相互作用，探寻 NBA 与 CBA 比赛中与控球实效相关变量的异同，进而挖掘 NBA 和 CBA 比赛中与控球成功相关联的绩效指标并进行分析和讨论，旨在为我国 CBA 或国家队备战提供一定的理论参考，同时为分析篮球大赛提供崭新的切入点[1]。上述文章主要基于回归分析法对比赛得分或净胜分与常规技术统计指标之间的相关性进行分析。

5.4.2.2.2.5　聚类分析

聚类分析（cluster analysis）是根据事物本身的特性研究个体分类的方法，其基本原则是同一类中的个体有较大的相似性，而不同类中的个体差异很大[2]。聚类分析在篮球技战术分析中的应用方面，景怀国等采用 Q 型聚类将第 30 届奥运会男篮球队的技术统计指标聚类分为四个等级，科学分析了世界篮球的竞争格局[3]；徐伟宏等运用 Q 型聚类把第 30 届奥运会男篮比赛的球队分为三个等级，并提出中国男篮属于第二等级的论点[4]；张学领利用快速聚类算出控球权的范围值，根据所得数据把每一场比赛分为快节奏比赛和慢节奏比赛[5]；张学领通过 K – Mean 聚类分析把比赛节奏分为快、慢和一般三种类型，然后通过秩和检验分析不同节奏下技术统计指标的差异，最后采用多元线性回归分析判定影响比赛胜利的主要因素[6]。以上学者的研究，大多采用 Q 型聚类或 K – Mean 聚类分析对篮球的技术统计指标进行分析，以及对参赛球队的水平进行等级划分，而综合 Q 型聚类和 K – Mean 聚类对球队的技术统计指标进行分析的文章还没有。

5.4.2.2.2.6　判别分析

判别分析（discriminant analysis）是多元统计分析中判断个体所属类型的一种统计方法[7]。判别分析在篮球技战术分析中的应用方面，

〔1〕　刘永峰. 基于 Logistic 回归模型的 NBA 与 CBA 控球实效的对比研究［J］. 南京体育学院学报（自然科学版），2016，15（2）：8 – 14，19.

〔2〕　卢纹岱. SPSS 统计分析（第 4 版）［M］. 北京：电子工业版社，2012：17.

〔3〕　景怀国，王军型. Q 型聚类分析对第 30 届奥运会男子篮球赛参赛队伍综合能力分析［J］. 广州体育学院学报，2012，32（6）：68 – 72.

〔4〕　徐伟宏，高治，任波，等. 第 30 届奥运会男篮比赛常规技术统计指标与得分相关关系分析［J］. 武汉体育学院学报，2013，47（12）：92 – 96.

〔5〕　张学领. 基于比赛节奏的美国男篮制胜模式研究［J］. 北京体育大学学报，2013，36（6）：141 – 145.

〔6〕　张学领. 不同节奏下奥运会男篮比赛技术统计差异分析［J］. 体育学刊，2014，21（5）：118 – 123.

〔7〕　何国明，宛燕如. 实用统计方法及 SPSS 操作精要［M］. 武汉：武汉出版社，2002：31.

张学领利用快速聚类算出控球权的范围值，根据所得数据把每一场比赛分为快节奏比赛或慢节奏比赛，然后运用判别分析判断哪些技术统计指标能够预测比赛节奏，也就是说，这些变量在判别两组数据时具有重要作用[1]。通过查阅文献可知，相关判别分析方法运用于篮球技战术分析的文章很少，研究仅限于以上范围。

5.4.2.2.2.7　因子分析

因子分析（factor analysis method）是将多个实测变量转换为少数几个、相关的综合指标的一种多元统计技术[2]。因子分析在篮球技战术分析中的应用方面，陈浩等对观测数据（二分球投篮命中率、三分球投篮命中率、罚球命中率、进攻篮板、防守篮板、助攻、犯规、抢断、失误、盖帽和总分差）进行单因素方差分析和因子分析，从而对两届奥运会中中国男子篮球队技战术因子结构特征差异进行分析及评价[3]。因子分析的文章大多是将多个篮球技术统计指标转化为少数几个不相关的综合指标（公共因子），从而用较少的指标来反映球队的表现。

5.4.2.2.2.8　Pearson 相关分析

Pearson 相关系数（Pearson correlation coefficient）用来度量两定距变量间的线性关系[4]。对于篮球技术统计指标（如场均得分、篮板球个数、助攻次数和抢断次数等）之间的线性相关关系，可以用 Pearson 相关系数度量。相关分析在篮球技术统计中的应用方面，徐伟宏等使用 Pearson 相关分析和灰色关联分析对影响比赛得分的常规技术统计指标进行综合分析，旨在对第30届奥运会男篮球队划分等级，对整体球队得分和各等级球队得分的相关性指标进行分析研究，并比较分析各等级球队得分的相关性指标的差异性，为人们深层次理解比赛得分与篮球常规技术统计指标的相关性大小提供指导[5]；高治采用 Pearson 相关系数

〔1〕 张学领. 基于比赛节奏的美国男篮制胜模式研究 ［J］. 北京体育大学学报，2013，36（6）：141－145.

〔2〕 何国明，宛燕如. 实用统计方法及 SPSS 操作精要 ［M］. 武汉：武汉出版社，2002：66.

〔3〕 陈浩，何江川. 中国男子篮球队两届奥运会技、战术因子结构特征差异分析 ［J］. 中国体育科技，2013，49（5）：50－53.

〔4〕 薛薇. 统计分析方法及应用 ［M］. 3版. 北京：电子工业出版社，2013：69－70.

〔5〕 徐伟宏，高治，任波，等. 第30届奥运会男篮比赛常规技术统计指标与得分相关关系分析 ［J］. 武汉体育学院学报，2013，47（12）：92－96.

分析法对 CBA 联赛近 3 个赛季每场比赛中的每节分差和主客场差异，与比赛胜负的相关性进行研究[1]；许利民认为篮球比赛每单节得失分与比赛结果得分有关联，利用 Pearson 相关系数分析法对二者之间进行相关性分析，具体是对 2014—2015 赛季中国女篮职业联赛 155 场比赛主客场单节得失分与比赛结果进行分析，探究比赛的制胜规律，以利于教练员和运动员合理安排战术、调整人员部署、控制比赛节奏，从而取得最佳成绩[2]。以上文章大抵是利用相关分析法对常规技术统计数据的两两指标之间的相关性进行研究。

此外，还有学者利用典型相关分析（canonical correlation analysis）和 Spearman 相关分析进行研究，如罗艳春运用典型相关分析等方法对 2007—2010 年 3 届 CBA 联赛各届球队与外援的技术统计指标进行量化分析，研究其相关性，并得到各自的第一典型变量[3]；郭永波运用 Spearman 二列等级相关分析法计算第 30 届伦敦奥运会男篮比赛名次与技术相关关系，以此相关系数排序较高的 12 项指标比较奥运会比赛强、中、弱 3 种水平队的差幅，求证获胜的各种因素[4]。综上所述，篮球技战术数据分析领域主要利用经典数学模型和多元统计分析（回归分析、相关分析、聚类分析、因子分析及秩和比等）对大赛若干项指标数据展开描述与推断。由于多元统计分析方法各自的应用原理不尽相同，所以在分析篮球技战术数据方面的结果亦不相同，学者应根据自身的研究需要科学地选择合适的方法。

5.4.2.2.3　策略分析法

5.4.2.2.3.1　篮球竞赛策略的内涵

前文提到，篮球竞争情报是对竞争对手、本方球队、竞争环境这三个方面的调查与评估，以及根据评估结果提出的多个竞赛备选方案（即策略）以供主教练做出决策。这里需要阐明的是：①策略即计策、谋

〔1〕　高治，李伦. CBA 联赛每节分差和主客场与比赛胜负的相关性研究［J］. 武汉体育学院学报，2014，48（10）：87 - 90.

〔2〕　许利民. 2014—2015 年中国女子篮球职业联赛单节得失分与比赛结果相关性分析［J］. 首都体育学院学报，2016，28（2）：147 - 151，192.

〔3〕　罗艳春. CBA 联赛近三年参赛球队成绩与其外援技术发挥的典型相关分析［J］. 沈阳体育学院学报，2012，31（1）：120 - 123，127.

〔4〕　郭永波，吴泽泰. 第 30 届奥运会男篮比赛的核心制胜因素分析［J］. 体育学刊，2014，21（1）：110 - 113.

略，一般是指可以实现目标的方案集合；方案是指进行工作的具体计划或对某一问题制定的规划。本研究提出的"篮球竞赛策略"，是指为了达到参赛目标而制定的本方球队竞赛方案的集合。②关于决策的定义，目前仍处在探讨之中，比较有代表性的观点：决策是一个提出问题、确立目标、设计和选择方案的过程；决策是从几种备选的行动方案中做出最终抉择，是决策者的拍板定案；决策是对不确定条件下发生的偶发事件所做的处理决定，这类事件既无先例又没有可遵循的规律，做出选择要冒一定的风险，也就是说只有冒一定风险的选择才是决策。理解决策的概念应该把握以下几层意思：决策要有明确的目标；决策要有两个以上的备选方案；选择后的行动方案必须付诸实施（决策过程见图45）。本研究认为，主教练决策即主教练从几种竞赛方案中做出抉择（见图46）。根据竞技参赛学理论、运动训练学理论以及篮球竞赛实际情况，本研究认为一份完整的篮球竞赛策略应该主要包括参赛目标、攻防指导思想和具体攻防战术方案。

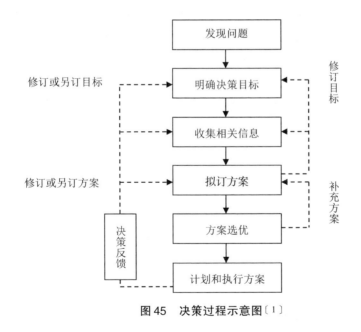

图45　决策过程示意图[1]

———————————

〔1〕 斯科特·普劳斯. 决策与判断［M］. 施俊琦，王星，译. 北京：人民邮电出版社，2004：43.

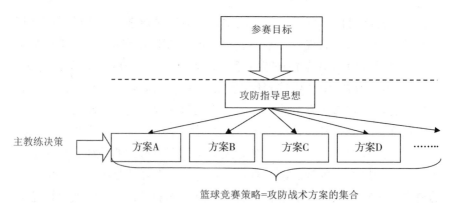

图 46　篮球竞赛策略的整体体系及主教练从方案集合中做抉择

5.4.2.2.3.1.1　参赛目标

　　篮球运动队参赛行为的直接目标是取得满意的比赛成绩。运动队的比赛成绩即参赛的结果，包括参赛者在比赛中所获得的名次以及所表现出来的竞技水平两个部分。参赛目标也应该包括名次目标和竞技水平目标两个部分。一般来说，名次列前者通常都具有并表现了较高的竞技水平，而具有很高竞技水平的选手也会获得好名次。但在某些情况下，如没有强硬的对手时参赛者仅表现出一般的竞技水平也有可能获得高层次比赛的优胜，而即便运动员表现出了很高的竞技水平，当竞技对手表现出更高的竞技水平时，他仍然成为不了冠军。因此，在设立参赛目标时，应该依比赛性质不同而有所侧重。在运动员代表某一国家、地域或单位参赛时，首先关注比赛名次的获得，而在检查性、训练性的比赛中，则更加重视竞技水平的表现。不同水平参赛球队的具体参赛目标有所不同，有争取优胜可能的球队把夺取金牌、奖牌定为参赛目标，实力明显薄弱的则要力争较好的名次，或提高球队的竞技水平。因此，可把球队的参赛目标定位于争取理想比赛结果，包括获得理想的名次和表现出理想的竞技水平（见图 47）。

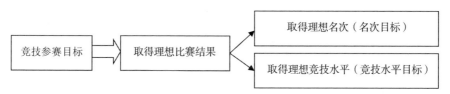

图 47　篮球运动队的竞技参赛目标包括名次目标和竞技水平目标

在确定篮球运动队参赛目标时，首先要确定赛事的性质，是参加竞技比赛，还是训练性或检查性的比赛，是年度重要比赛，还是热身赛。参加不同目的的比赛，参赛的目标当然会有所区别。涉及球队在比赛中所取得的名次与其所表现出的竞技水平的高低，则主要取决于运动员的竞技能力、比赛时的竞技状态。尽管运动员在比赛中发挥的竞技水平也不同程度地受到参赛对手所表现的竞技水平和比赛结果评定行为的影响，但总体来看，运动员可对自身在比赛中的表现具有较高的控制能力[1]。运动员赛前状态和运动成绩不是一一对应的线性关系，通常有4种情况：①赛前状态差，运动成绩不好；②赛前状态好，运动成绩好；③赛前状态差，运动成绩好；④赛前状态好，运动成绩不好。若将比赛对手状态作为中介变量，情况就比较复杂了，有可能的情况（赛前状态和运动成绩的关系）见表42。尽管赛前状态与比赛成绩之间存在多种可能的关系，但是赛前状态与比赛成绩一致的情况是比较常见的。故而有必要对运动员赛前状态进行诊断，从而采取有效措施帮助运动员调控好赛前状态。

表42 赛前状态和运动成绩的关系[2]

	1	2	3	4	5	6	7
自己状态	+	−	+	−	+	−	−
对手状态	+	−	+	−	−	−	+
比赛成绩	+	−	−	+	+	+	+

注："+"表示好，"−"表示差。

除上述提到的运动参赛目标是建立在运动员赛前状态基础上外，还要体现出竞技参赛目标的弹性特征。在一个综合性的大型比赛中，影响运动员比赛结果的因素有很多。对任何一个参赛者来说，其中都有一些因素是无法控制的，如对手比赛竞技水平的变化和裁判员的评定行为等（运动成绩的影响因素见图48），这很难在事先做出准确预测。所以，主观地硬性要求球队在比赛中一定要获得第几名，常常会干扰其在比赛中的正常发挥，所要求必须完成的指标也常常难以实现。因此，设立参赛目标时，正确的、聪明的做法是确定一个适宜的弹性区间。将经过艰

————————————

〔1〕 田麦久，熊焰. 竞技参赛学 [M]. 北京：人民体育出版社，2011：61 −67.

〔2〕 田麦久，熊焰. 竞技参赛学 [M]. 北京：人民体育出版社，2011：37 −39.

苦的努力有较大可能完成的弹性区间目标定为参赛目标，既能对参赛的运动员和教练员产生激励作用，又为应对非可控因素的干扰留下了调节的空间。

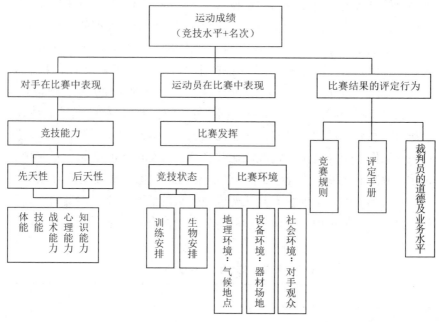

图48　运动成绩的影响因素

注：引自田麦久的《论运动训练过程》。

5.4.2.2.3.1.2　攻防指导思想

篮球比赛的胜负取决于战略与战术是否合理。战略是指比赛中全局性的决策，是在一定指导思想下制定的计谋；战术指比赛中具体的攻守方法。从全局来看，战略处于主导地位，战术应服从战略目的，而战略目的的实现有赖于战术任务的完成。两者之间的关系既是从属关系，又是依存关系，相辅相成。根据比赛对手的特点提出相应的攻防战略指导思想，突出以我为主、扬长避短，正所谓"以己所长，攻彼之短，抑彼之长，避己所短"（见图49）。比如，对手的身高有明显优势，特别是中锋队员身材高大，篮下防守严密，则应确立以快取胜、内外结合、以外为主的进攻战略指导思想；如本队身高占优势，则应该确立以高制胜、以内为主、强攻内线的进攻战略指导思想。防守情况也是如此，要根据双方实际情况来确定。如对手身高占优势，首先考虑采用扩大防守的战略，迫使对手在更大的范围内展开争夺，充分发挥本队身材矮小、反应快、脚步移动快的特点，也可采用保护篮下、夹击中锋的防守方式，再切断对方外线队员向内线队员的传球路线，减少对方中锋一侧外线队员接球，从而减少威胁。

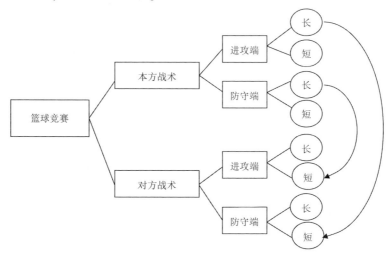

图49　"以己所长，攻彼之短"原则示意图

5.4.2.2.3.1.3　攻防战术方案

所谓篮球战术，是篮球比赛中队员之间互相协调配合、有效地运用技术的组织形式，其目的是充分发挥本队的特长、制约对方、掌握比赛的主动权、争取比赛的胜利[1]。战术实施方案是指为保证比赛目标顺利实现的具体操作方案。在比赛过程中，要解决任何一个问题都存在多种途径，其中哪条途径有效，是要经过比较的，所以可以制订各种可供选择的方案。拟订战术实施方案的过程是一个发现、探索的过程，要细致冷静、反复测算、静心设计。对每一种技术方案的可行性进行充分论证，并在此基础上做出综合评价。论证要突出战术实施上的有效性、实现的可能性、运动员运用的合理性，以及可能带来的影响和潜在危险。在确定了战术实施方案后，应该制订相应的配套方案或备选方案。面对强大的对手，或者重要的比赛，可邀请有关专家共同探讨，也可以让运动员献计献策，对实施方案进行评估、对暴露的弱点和漏洞制订相应的应对措施，使方案执行过程更加完善。战术实施方案确定以后，就要制订赛

〔1〕　郭永波. 篮球运动教程［M］. 北京：北京体育大学出版社，2005：33.

前训练计划，对战术方案进行具体的演练。这一过程是对战术实施方案可行性的初步检验，也是参与比赛的运动员进行战术行为的体检和预演。战术方案正确与否要以实施的结果来判断。在方案实施过程中应随时进行信息反馈，对战术实施过程进行评价。可以将实施结果与预期目标进行比较，若发现问题则应迅速纠正，以保证比赛目标的实现。在篮球比赛中，这一调整是随时进行的，可以通过暂停来布置新的战术要求。

　　具体来讲，攻防战术方案是在攻防指导思想下制订出的，具体攻防战术应该包括以下三个方面的内容[1]：①出场阵容。在了解对方的情况下，制订出战略指导思想后，要提出首发阵容。此外，制订攻防方案时应适当考虑运用"奇兵"，以奇制胜。《孙子兵法》说"凡战者，以正合，以奇胜"，其意是说打仗时要以正兵当敌，出奇制胜。按部就班以常规战术比赛，对方往往已经了解和适应这种情况。因此，在制订比赛方案时就应该考虑使用"奇兵"（通常说的"奇兵"是用奇才和非常规战术打法）。②提出具体攻防战术。在知己知彼的原则下，提出具体攻防战术，确定各位置球员的职责，如由谁来主攻、如何去攻击对方的薄弱环节、其他人员如何接应、如何防守对方的重点队员、其他队员如何配合等。要做到扬长避短，如选择对方防守的薄弱环节作为主攻点，就要围绕遏制对方重点攻击队员确定防守战术等。例如，2015 年男篮亚洲锦标赛，中国男篮在与伊朗队比赛前经过分析制订了相应战术，教练组认为：第一，伊朗队战术核心和策应中轴哈马德·哈达迪（Hamed Haddadi）在被包夹的情况下，助攻外线三分远投成功概率非常高，如果对其包夹正好便于他吸引防守、增加助攻机会，同时也节约了他背身单打的体能消耗；第二，哈达迪由于受伤病和年龄影响，体能存在严重问题，他强行单打 3 个回合后体能将严重不足，命中率会迅速下降；第三，哈达迪篮下攻击成功率为 80%，而罚球命中率仅为 60%。具体战术：第一，比赛中对哈达迪不实行包夹，易建联负责一对一防守，给他单打机会并消耗其体能，限制他给外线的助攻；第二，在篮下有球情况下，可以对他采取主动犯规战术。结果显示：第一，在此前的 6 场小组赛中，伊朗队场均有 18.2 次助攻，高居 16 支参赛球队之首，而此场比赛全队只有 2 次助攻，哈达迪 0 次，进攻威力大减；第二，伊朗队三分

---

〔1〕 郭永波. 篮球运动教程 ［M］. 北京：北京体育大学出版社，2005：31.

球全场 16 中 2，命中率仅为 12.5%；第三，虽然哈达迪获得 10 次罚球机会，但只罚进 6 次[1]。③选择备选方案。任何比赛攻防战术都有可能失效，或在很短的时间内为对方所适应，因此要有应变措施，准备两套备用方案，以应付比赛的各种复杂情况，这样才能临危不乱。换句话说，赛中战术运用的问题预测与应对预案不是在比赛过程中才进行的，而是比赛前应该充分考虑的重要内容。它是对战术方案实施过程中问题的预测和应对办法，是在战术方案实施过程中出现问题进行调整的预备方案。例如，比赛领先或落后时如何调整战术；比赛过程出现突发事件要如何应对等。战术运用的问题预测与应对预案是做好比赛准备的重要方向，因为比赛中难以预料的事件是非常多的，准备不足就会导致应对失误。

5.4.2.2.3.2　篮球竞赛策略的分析方法

篮球竞赛中球队间的竞争属于策略性竞争，亦称博弈。策略性竞争是指竞争者间都能理智地使用策略，力求发扬自己的长处，克服或避免自己的短处，抑制对方的长处，利用或扩大对方的短处，从而战胜对手，这种竞争就属于策略性的。研究策略性竞争的运筹学分支叫作博弈论或对策论。篮球比赛参赛各方的实力分析是本方球队竞赛策略制定的依据。根据参赛队的实力或比赛对手的实力，分析本方队员或全队在比赛中的战术优势和不足，掌握对手长处和弱点，有针对性地确定参赛目标、战术指导思想和战术方案（制定的步骤见图 50）。篮球比赛参赛各方的实力分析有赖于比赛前信息收集的数量和准确程度。为此，在收集比赛资料时应该尽可能多地收集对手比赛训练的资料，可以用录像和文字形式展示出来，使教练员和运动员了解比赛环境和对手的情况，利用教练员和运动员的比赛经验来分析和判断比赛中可能遇到的问题、可以采取的应对手段等；利用过去比赛中战术运用的效果对现有的信息进行分析，结合对本方和对手个体或团队的战术能力、水平的评价对比，选择可以应对的战术方案；通过对本方和对手之间以往比赛的典型案例分析获得信息和资料。应对收集的资料和信息进行有序地整理，使教练员可以清楚地了解比赛中要解决的问题，找到制订战术方案的依据，准确把握比赛中的战术运用。其中，对方重点队员的技术特点和全队常用战术配合是实力分析的重要内容。例如，对郭艾伦的个人特点进行评价：

---

〔1〕　姚健. 中国男篮 2015 年亚锦赛夺冠经验及 2016 年奥运会备战策略［J］. 上海体育学院学报，2016，40（1）：58 – 61，66.

他更倾向于2号位，攻击欲望强，行进间的突破速度很快，遇到防守转身速度比较快、冲击能力强；突破后上篮或抛投，右手为主；突破后分球找点能力较以往有所增强；空点三分，出手速度比较慢；防守好，不怕对抗，有一定的国际比赛经验；球在手中的时间相对较长。

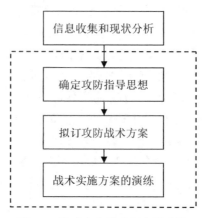

图50　篮球竞赛策略制定的步骤

对于本方球队和竞争对手"现状"的分析已经通过"指标细化法""数据分析法"在前文中阐释，下面说一下在双方"现状"结论基础之上的本方球队竞赛策略分析方法。有研究认为，体育竞争情报分析方法有SWOT分析法、定标比超法、反求工程法、文献计量法等，而SWOT分析是竞争战略分析中最基本而有效的分析方法[1]。本研究查阅大量资料，并与专家商讨后，梳理出如下几种最常用的、有效的篮球竞赛策略分析方法。

5.4.2.2.3.2.1　SWOT分析法

SWOT分析法又称竞争态势分析，是竞争情报活动中的一种常用方法。SWOT分析方法包括分析组织的优势（strengths）、劣势（weaknesses）、机会（opportunities）和威胁（threats）。因此，SWOT分析实际上是将球队内外部条件等各方面内容进行综合分析和概括，进而分析组织的优劣势、面临的机会和威胁的一种方式。通过SWOT分析可以帮助球队将资源和行动聚集在自己的强项和有最多机会的地方，并让球队的战略变得更加明朗。SWOT分析就是将与研究对象密切相关的内部优势

---

〔1〕刘成. 体育竞争情报及其对我国竞技体育核心竞争力的影响研究〔D〕. 上海体育学院，2010：36.

因素、劣势因素和外部机会因素、威胁因素通过调查分析，并依照一定的次序按矩阵形式罗列起来，然后运用系统分析的研究方法对相互匹配的各因素进行分析研究，从中得出一系列相应的结论。SWOT分析的实施步骤见图51。

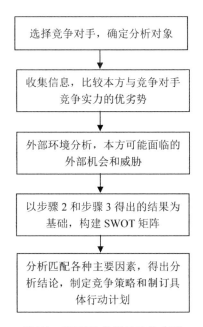

图51　SWOT分析的实施步骤

（1）选择竞争对手，确定分析对象。明确本方有哪些主要竞争对手。竞争对手类型见图52。

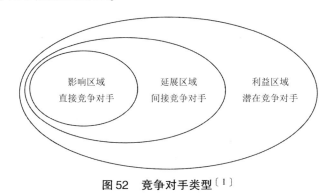

图52　竞争对手类型[1]

〔1〕　赵蓉英.竞争情报学〔M〕.北京：科学出版社，2012：47.

（2）收集信息，比较本方球队与竞争对手竞争实力的优劣势。列出本方球队的关键内部优势、本方球队的关键内部劣势。

（3）外部环境分析，本方可能面临的外部机会和威胁。列出本方球队的关键外部机会、本方球队的关键外部威胁。

（4）以步骤2和步骤3得出的结果为基础，构建SWOT矩阵。将前面分析得出的结果按影响程度或轻重缓急进行排序，优先排列那些对自身发展有重大、迫切、直接影响的因素，而把一些间接、次要影响的因素排在后面（构建的矩阵见表43）。例如参加里约奥运会时，中国女篮主教练马赫将对手重点球员的个人技术特点进行总结，凝练成几条简单的文字并按照重要程度做了一个排序，在开准备会时向本方球员阐述对手的全部情报信息，并发放给每个球员纸质版或电子版情报资料，让球员熟记于心。而在实际比赛中马赫对球员要求的则是球员只要抓住情报信息中排序的前两条即可（即让球员记住最多两大点），能够完成这两大点的任务就是策略的胜利。

表43　SWOT 矩阵分析表

	优势（S）	劣势（W）
机会（O）	SO 对策	WO 对策
威胁（T）	ST 对策	WT 对策

（5）分析匹配各种主要因素，得出分析结论，制定竞争策略和制订具体行动计划。这些对策（见图53）如下，①WT 对策：重点考察劣势因素和威胁因素，力求使劣势因素和威胁因素在未来的竞争中都趋于最小，它是一种克服自身内在劣势，同时规避外部威胁的应对危机型战略模式。②WO 对策：重点考察劣势因素和机会因素，力求在未来的竞争中使本方球队的劣势因素趋于最小，使机会因素趋于最大，它是一种利用外部机会来弥补本方球队内部劣势的弥补型战略模式。③ST 对策：重点考察优势因素和威胁因素，力求在未来的竞争中使本方球队的内部优势因素趋于最大，使外部威胁因素趋于最小，它是一种依靠本方球队现有优势减轻或规避外部威胁的规避型战略模式。④SO 对策：重点考察优势因素和机会因素，力求在未来的竞争中使本方球队的优势因素和机会因素都趋于最大，它是一种充分利用外部机会、最大限度发挥本方现有优势的最理想化战略模式。

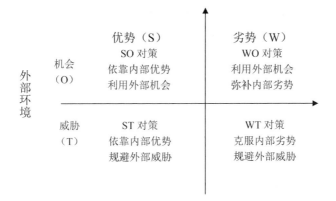

图 53 SWOT 矩阵中的对策组合

5.4.2.2.3.2.2 头脑风暴法

头脑风暴法（brain storming）由美国创造学家亚历克斯·奥斯本（Alex Faickney Osborn）于 1939 年首次提出，1953 年正式发表的一种激发性思维方法。采用头脑风暴法组织群体决策时要集中有关专家召开专题会议，主持者以明确的方式向所有参与者阐明问题、说明会议规则，并尽量创造轻松的会议氛围；主持人一般在会议中不发表意见，以免影响会议的自由气氛；由专家们提出尽可能多的方案。以球队教练组的头脑风暴实施步骤为例（具体步骤见图 54），①会前准备：确定会议讨论的主题、会议主持人、会议参与者。②设想开发：由主持人公布会议主题并介绍与主题相关的参考情况；会议参与者突破思维惯性，大胆进行联想；主持人控制好时间，力争在有限的时间内获得尽可能多的创意性设想。③设想的分类与整理：一般分为实用型和幻想型两类。前者是指目前技术可以实现的设想，后者指目前的技术还不能完成的设想。④完善实用型设想：对实用型设想再次进行论证、二次开发，进一步扩大设想的实现范围；幻想型设想再开发：对幻想型设想再进行开发，通过进一步开发就有可能将创意萌芽转化为成熟的实用型设想。实施头脑风暴法应遵守如下原则，①庭外判决原则：对各意见、方案的评判必须放到最后阶段，此前不能对别人的意见提出批评或做出评价。认真对待任何一种设想，不论其是否适当和可行。②欢迎各抒己见，营造一种自由气氛，激发参加者提出各类想法。③追求数量：意见越多，产生好意见的可能性越大。④探索取长补短和改进办法：除提出自己的意见外，鼓励参加者对他人已提出的设想进行补充、改进和综合。⑤循环进行。⑥每人每次只提一个建议。⑦没有建议时说"过"。⑧不要相互指责。⑨要有耐心。⑩可以适当幽默。⑪鼓励创新性想法。⑫结合并改进其他人的建议。以教练组的赛前准备会为例。准备会是希望通过全体教练员的分析讨论，达到统一思想、统一行动目的、制定行动方案的目的。为了打好每一场比赛，要有组织地召开准备会，研究和落实比赛方案，做好赛前的准备工作。召开准备会的方式有以下两种：一是由上而下，先由主教练提出比赛方案，全体助理教练讨论，进行补充修改；二是由下而上，先由助理教练分析讨论，提出比赛方案，最后由主教练进行归纳，确定比赛方案。召开准备会，应根据对手的情况、助理教练分析问题的能力以及时间等条件采用不同的方式。召开准备会时，首先要明确比赛的目的和任务、提出要求、明确打法、部署方案。主教练应该运用具体的统计数据和典型战例，简明扼要地介绍双方的情况。与会期间探讨的主要内容：对方的防守体系和比赛中可能出现的防守变化，并指出其主要的优缺点，提出本队的进攻战术、主要的配合方法和攻击点等；根据对方的进攻，提出本队的防守战术、配合方法及防守重点等。准备会一定要发扬民主精神，主教练要听取助理教练等人员的意见，以求决策正确。

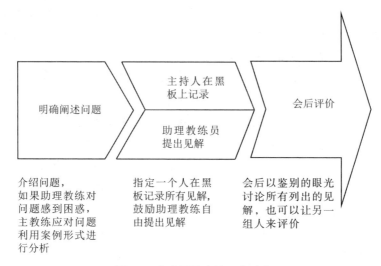

图54　头脑风暴法的三个阶段

5.4.2.2.3.2.3　定标比超法

在本方球队竞技能力提升策略的制定上，可以采用定标比超的方法。定标比超由英文"benchmarking"翻译而来，也称为基准调查、基准管理、标高超越、立杆比超等[1]。定标比超法就是将本队与一定范围内的最佳球队进行比较，从而提出行动方法，以弥补自身的不足。实施定标比超的球队必须不断对竞争对手或一流球队的各个方面进行评价来发现优势和不足。定标比超的主要步骤见图55，包括：①确定定标比超的内容。②选择定标比超的对象。确定了进行定标比超的环节后，就要选择具体的定标比超对象。通常，竞争对手和目前国际优秀球队是定标比超的首选对象。③收集数据并进行分析。分析数据必须建立在充分了解本方球队目前的状况以及被定标比超的球队状况的基础之上。④确定行动计划。找到差距后，确定缩短差距的行动目标和应采取的行动措施。⑤实施计划及评价。定标比超是发现不足、改善本方球队竞技能力或竞技状态并达到最佳效果的一种有效手段，整个过程必须包括定期衡量评估以达到目标的程度。如果没有达到目标，就需采取修正行动措施。

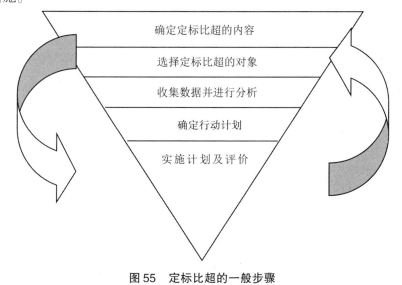

图55　定标比超的一般步骤

5.4.2.3　竞争情报分析工具

我国著名情报学家包昌火认为，竞争情报系统是以人的智能为主导，

---

〔1〕 徐津铭. 竞争情报在河北省中小企业创新中的应用研究 ［J］. 科技信息，2013 （14）：6 - 7.

以信息技术为手段，以增强企业竞争力为目标的人机结合的竞争战略决策支持系统[1]。篮球竞争情报正是以人工智能为主导、分析工具为手段的工作。通过调查我国高水平篮球运动队的篮球科研工作者对专业竞争情报分析工具的使用情况（在篮球数据分析方面主要采用 SPSS、Excel 等统计学软件，而本研究调查的则是用于篮球竞争情报分析的运动表现视频分析工具），获知目前主要有 6 种分析软件和网站（见表44）。其中，澳大利亚 Sportstec 公司开发的 Sportscode Gamebreaker 软件使用率最高。

表44　篮球竞争情报分析工具一览表（N=30）

	非常多 （5分）	比较多 （4分）	一般 （3分）	较少 （2分）	很少 （1分）	得分均值 （X）	排序
澳大利亚 Sportstec 公司研发的 Sportscode Gamebreaker 软件	18	2	3	2	5	3.87	1
加拿大 Corel 公司研发的 Corel Video Studio 软件	3	3	8	4	12	2.37	2
美国 Adobe 公司研发的 Adobe Premiere Pro 软件	2	1	7	5	15	2	3
美国 Synergy Sports Technology 公司的视频编辑平台	1	2	5	8	14	1.93	4
以色列球探网站 Scouting4u：Basketball Scouting Service & Video Online	1	0	4	7	18	1.63	5
瑞士 Dartfish 公司研发的 Dart Trainer 软件	1	0	2	7	20	1.5	6

目前，国内或国际高水平篮球队采用的主流技战术分析软件为澳大利亚 Sportstec 公司 2000 年研制的 Sportscode Gamebreaker 软件。我国在 2005 年引进该软件。该比赛分析软件易于操作，剪辑速度快，分类方便，但必须是在美国苹果公司开发的 iOS 系统下使用。该软件可以将比赛视频随意分割，并可以在分割的视频上打上具体标签，比如，在重复出现的固定配合打上一样的标签，编辑结束后就可以清楚直观地看到对方主要的技战术配合，十分便捷。虽然辅助分析设备十分便捷有效，但

[1] 包昌火，谢新洲. 企业竞争情报系统 [M]. 北京：华夏出版社，2002：49.

视频分析师对比赛的理解才是视频分析的关键（分析过程见图56）。类似的还有 Dart Trainer 等对比赛进行剪辑和分析的软件，其分析流程大致相同。

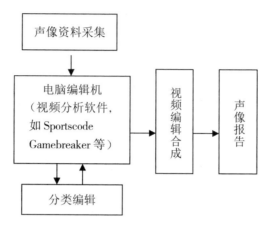

图56 利用 Sportscode Gamebreaker 等软件进行分析的流程

此外，武汉体育学院视频分析团队目前正在使用一款新开发的、造价20余万元的分析软件——"篮球技战术视频分析系统"，反响颇好。通过访谈本次问卷调查的相关被试者，得知这正是调查结果中"其他"被选择的原因（见图57）。

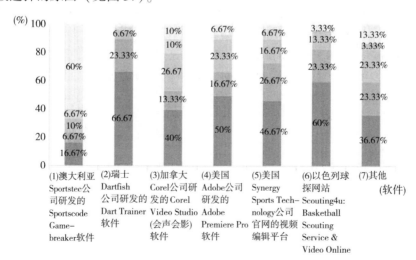

图57 篮球竞争情报分析工具百分比柱状图

5.4.3 篮球竞争情报分析子系统的结构及运行

篮球竞争情报分析子系统是篮球竞争情报的"制造车间"，该子系统的要素包括竞争情报分析主题、分析方法和分析工具，它们之间的关系：根据具体的竞争情报分析主题挑选出指标库中相应的指标，之后运用人工分析和辅助分析软件工具相结合的方式对信息进行鉴别、验证和有序化组织，其中运用的是适宜的分析方法和工具，从而产生篮球竞争情报。可以看出，其实收集子系统和分析子系统是密不可分的。若是将两个子系统串联起来看，其整体关系：需要调查的各类"现状"（分析主题之首）的主要支撑维度为创建的篮球竞争情报收集内容指标体系中的指标（"指标库"）；获取这些指标相应数据的渠道是"收集渠道库"（通过录像观察、Internet 和 Intranet、媒体信息、实地考察、人际网络、书刊、档案、学术论文等文献资料收集，或者咨询或聘请熟悉竞争对手的人员、通过科研课题、从体育公司购买）；从这些渠道中获取数据的方法有"收集方法库"（视频采集法、技术统计法、实地观察法、文献资料法、访谈法）；分析这些数据的方法有"分析方法库"（指标细化法、数据分析法和策略分析法），还有"分析工具库"（澳大利亚 Sportstec 公司研发的 Sportscode Gamebreaker 软件、加拿大 Corel 公司研发的 Corel Video Studio 软件、美国 Adobe 公司研发的 Adobe Premiere Pro 软件、美国 Synergy Sports Technology 公司的视频编辑平台、以色列球探网站 Scouting4u：Basketball Scouting Service & Video Online、瑞士 Dartfish 公司研发的 Dart Trainer 软件）。篮球竞争情报分析子系统的结构及运行见图 58。

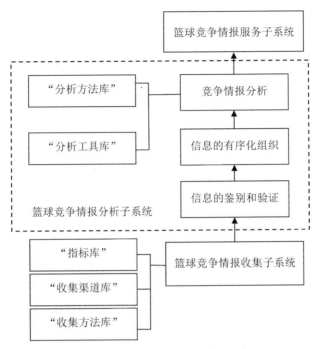

图58 篮球竞争情报分析子系统的结构及运行示意图

5.4.4 实例分析

2016 年里约奥运会女篮落选赛于 2016 年 6 月 18 日在法国南特进行 1/4 决赛的角逐，中国女篮以 84：70 战胜白俄罗斯女篮，成功拿到里约 奥运会的入场券。主教练马赫把这场胜利归功于赛前制订的比赛计划以 及详细的球探报告。所以，本研究以对白俄罗斯队的球探报告为例，来 诠释篮球竞争情报的分析。通过对中国女篮随队翻译人员的访谈得知， 中国女篮的球探报告主要由一名主教练（马赫）、两名助理教练（前澳 大利亚著名女篮运动员米歇尔、马赫的妻子罗宾）完成。需要注明的 是，其他助理教练（如许利民指导、郑薇指导）主要起到配合、协助 的作用；而对于国家体育总局篮球运动管理中心科技攻关课题产生的球 探报告成果，主教练并不采纳。具体的情报工作流程及分工：由米歇尔 负责对手球队比赛的视频剪辑、马赫负责对手球队的技战术分析、罗宾 负责使用 Sportscode Gamebreaker 软件进行视频编辑及整理分析成果等 辅助工作，最后由翻译人员将其翻译成中文，并交由篮球运动管理中心 打印成球探报告后分发至每名教练员和球员手中（电子版会上传至球队微信群或微信公共账号），让大家熟记。马赫的"三人情报团队"是具有一定篮球造诣人员的组合，并拥有一致的篮球理念，而这正是多年配合形成的默契。比如，马赫是在看完米歇尔剪辑的录像后做出的分析，米歇尔充分了解马赫想要球队或球员的哪些视频资料并贯彻其意图剪出几个主要战术，此外，郑薇指导在做视频剪辑时，也必须遵循主教练的理念进行录像编辑。在赛前准备会时，马赫强调队员要记住对方球员最重要的特点，如果球员能够抓住对方球员的 1～2 个特点进行攻防，就算是策略的胜利。

5.5　篮球竞争情报服务子系统

5.5.1　篮球竞争情报服务子系统的构建原则

5.5.1.1　引领原则

引领原则是指提供的竞争情报服务能够对球队未来发展有重大意义、尚在萌芽状态的事件做出预测，提供预警情报，以便决策者做出判断、制定对策。

5.5.1.2　及时原则

篮球竞争情报的时效性非常强，快捷、及时是有效利用篮球竞争情报的重要特征之一。当决策者为解决某一问题急需情报作为决策依据时，篮球竞争情报中心应快速提供情报，否则可能引发用户对该组织作用的质疑。更为重要的是，因为竞争情报服务的不到位，可能导致球队决策失误。

5.5.1.3　精准原则

竞争情报服务必须具有针对性，关注各用户所关心的问题，做好充分的信息和知识储备，保证提交的决策竞争情报切中要害、精准到位。在提供竞争情报服务时要尽可能地提供深度的篮球竞争情报，对所承担的专题研究必须深入细致、言之有物，且调查研究要有点有面、点面结合，不能以偏概全。

5.5.1.4 简洁原则

相比篮球竞争情报系统工作的实施过程，竞争情报用户更关心能为决策提供依据的情报内容，因此竞争情报服务切忌长篇大论，应简明扼要、直奔主题，且要附上扎实可靠的论证依据。除用文字简要说明外，还可用直观的图表和相应的视频辅助说明。

5.5.1.5 恰当原则

竞争情报产品不仅要内容恰当，形式也要恰当。服务子系统要考虑提供的情报产品是否与用户接受水平相吻合、提交的报告在形式上是否与报告内容相匹配等。由于用户个人学识、偏好等因素的影响，不同用户会对所提交的报告有不同的需求，有的可能喜欢文字型报告，有的可能喜欢数字分析型报告，有的可能喜欢图片图像型报告。因此，服务子系统只有在了解情报用户的前提下提交与之相适应的报告类型，才能发挥情报产品的最大效能。

5.5.2 篮球竞争情报服务子系统的组分

5.5.2.1 竞争情报的服务内容

篮球竞争情报服务子系统是整个系统的输出系统，其主要工作是根据用户需求动态地为其提供情报产品。篮球竞争情报产品即篮球竞争情报服务内容，从竞争情报系统结构的角度来看，从竞争情报收集阶段到服务阶段，每一环节都会产生相应的产品：竞争情报收集层——原始信息资料；竞争情报分析层——结论；竞争情报服务层——"结论＋包装"。用户可以根据需要，随时向服务子系统索取相应的情报产品和服务。按照篮球竞争情报系统结构划分的服务内容呈现一个价值分层的产品成果体系（见图59）。

从对原材料的加工程度来看，本研究认为篮球竞争情报系统能够生产出的情报产品有4大类型（梳理的产品价值层级体系见图60，即对原材料进行加工及深加工，加工程度越大，价值越高）。本研究采用的就是按加工程度划分的服务内容体系。需要阐明的是，用户需求、分析主题与产品类型三者之间的关系：分析主题是根据用户需求与自身情报分析能力而制定的研究题目；情报产品为研究主题的结论，也就是说，有几种研究主题就有几种相应的情报产品。所以，情报产品按价值由低到高依次为竞争对手、本方球队、竞争环境的信息资料；竞争对手、本方球队、竞争环境的现状；双方竞技能力特点及风格；本方球队竞赛策略。

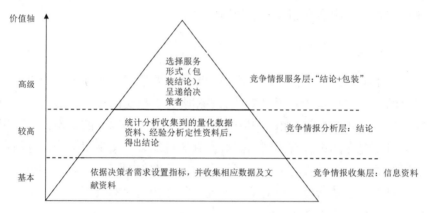

图59　按篮球竞争情报系统结构划分的服务内容体系

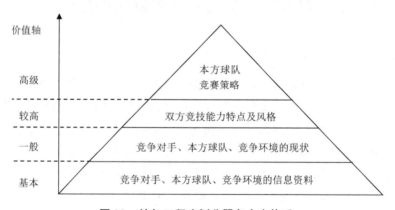

图60　按加工程度划分服务内容体系

5.5.2.2　竞争情报的服务形式

　　篮球竞争情报服务子系统是篮球竞争情报价值链的价值实现环节，是将经过收集、整理、分析的竞争情报最终以一种完整的、适宜的形式传递、推送给终端情报用户，是篮球竞争情报发挥其价值的重要阶段。所谓篮球竞争情报服务形式即传播扩散情报分析成果的形式。为了更好地服务用户，篮球竞争情报服务子系统应以用户喜欢的方式提供服务。只有篮球竞争情报被用户有效地接收和利用，篮球竞争情报系统才算真正完成其使命。表45显示，队内定期会议、声像信息报告、内部数据库、书面专题报告、培训讲座排序靠前，得分均值都大于3分，可见这5种是比较常用的形式。其中，前2项属于最常用或者说是用户最喜欢的服务方式，但这并不意味着竞争情报服务形式的单一。虽然内部竞训简报、个人交往或联系、电子邮件几种方式排序靠后，但得分均值也在2.93~2.43分之间，说明这几种方式都被工作人员不同程度地使用过，也就是说，竞争情报服务方式呈现出多样化特征，工作人员可以针对用户的不同特点与需求灵活地选择不同的服务方式。

表45　篮球竞争情报服务方式一览表（N=30）

类型	非常多(5分)	比较多(4分)	一般(3分)	较少(2分)	很少(1分)	得分均值	排序
队内定期会议	18	9	2	1	0	4.47	1
声像信息报告	20	6	2	1	1	4.43	2
内部数据库	10	7	4	4	5	3.43	3
书面专题报告	7	9	6	3	3	3.40	4
培训讲座	6	7	9	4	4	3.23	5
内部竞训简报	2	8	11	4	5	2.93	6
个人交往或联系	1	8	11	5	5	2.83	7
电子邮件	3	1	8	12	6	2.43	8

以排在首位的队内定期会议为例，CBA球队比赛前一天晚上会有一个20分钟左右的视频会议，视频分析师会给球员播放对位球员的动作和打法、对方的主要战术等（向队员讲解时，只展示一部分内容，并不给队员透露过多信息）；比赛日早上球员适应场地时，教练组会根据前一天晚上看视频商议的策略进行排兵布阵；晚上准备会时，播放对方主要的阵地进攻配合，教练会对防守策略再做一次讲解。需要注意的是，会议的时间通常不会太长，简明扼要、重点突出，以保护队员的情绪，增强队员的信心。除了队内定期会议外，在篮球竞争情报服务方式的问题上还要注意几点：①内网数据库是球队长期积累建立起的信息服

务系统。将情报产品上传至内网进行共享资源，用户可以根据需求自行提取，竞争情报中心也可以将该数据库作为信息收集渠道。②声像信息报告（视频剪辑）和书面专题报告（纸质版或电子版）是情报产品的基本形式。声像信息报告和书面专题报告同样属于竞争情报的服务形式，比如向主教练提供剪辑的视频、球探报告。篮球竞争情报的基本形式和传播形式见图61。

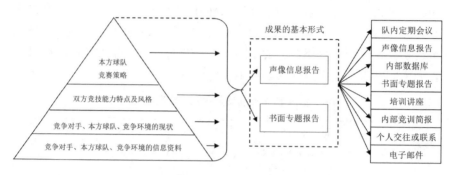

图61　篮球竞争情报的基本形式和传播形式

著名的篮球数据分析网站 Cyber Sports 的一篇文章 Analyzing Statistics—What the Reports Tell 指出：数据统计的效果取决于解释和展示数据的能力。正所谓"辛苦分析出的一堆大数据没人看，而有图有真相、一图胜千言，取悦眼球的内容大家都喜欢"。人类从外界获得的信息约有80%以上来自视觉系统[1]，当数据以直观的可视化形式展示时人们往往能够一眼洞悉数据背后隐藏的信息并将其转化为知识及智慧[2]。举一个简单的例子，将篮球竞争情报服务方式的调查数据用雷达图（Radar Chart）和词云（Word Cloud）表示，可以更直观地观察出不同服务方式的使用情况（见图62）。目前，以 NBA 官方网站为代表的网站正提供着多种数据可视化服务，包括投篮点热力图以及趋势图等。NBA副总裁兼首席信息官迈克尔·格利德曼（Michael Gliedman）表示，NBA 数据分析网站还计划增加数据可视化服务，采用的是德国 SAP 公司的 Business Objects Explorer 和 Visual Inteligence 软件。可见，数据可

〔1〕　杜小勇，陈峻，陈跃国. 大数据探索式搜索研究［J］. 通信学报，2015，36（12）：77-88.

〔2〕　任磊，杜一，马帅，等. 大数据可视化分析综述［J］. 软件学报，2014，25（9）：1909-1936.

视化是篮球数据分析领域的未来趋势。因此，为了更好地为篮球竞争情报用户服务，本研究认为应该将情报成果中的数据尽可能地运用可视化技术进行分析和展示。一直以来，数据可视化就是一个不断演变的概念，其边界在不断扩大，所以最好对其宽泛定义。数据可视化是指技术上较为高级的技术方法，而这些技术方法允许利用图形、图像处理，计算机视觉以及用户界面，通过表达、建模以及对立体、表面、属性以动画的显示，对数据加以可视化解释[1]。下面介绍几个典型的篮球数据可视化技术的例子，以期给篮球科研工作者带来启迪。

图62　篮球竞争情报服务方式的雷达图（左图）和生成的词云（右图）

（1）Heatmap 技术。投篮热力图把运动员场上每一次投篮区域、投篮结果都记录下来，计算结果用不同的颜色、形状可视化呈现，用来评价运动员的效率和倾向。热力图可以通过 R 语言绘制，还可以通过诸如 Heatmap Illustrator 的 Web 服务等来制作。下面以 Excel 的绘制为例，运动员投篮热力图是一个 4X 变量（投篮位置 – Y、投球次数、得分率）的绘图数据，在 Excel 中可通过气泡图来实现，制作步骤是：①构建篮球场的位置坐标（X – Y）和单元区间。这是整个可视化过程中实现数据"按形排列"的关键一步，大致思路是获取 NBA 篮球场的标准尺寸，绘制半场示意图，使用 X – Y 坐标系统将篮球场分割成若干个等面积的单元区间，用于记录投篮位置，统计该区域内的投球次数、命中率和得分情况。②对照上图的坐标系统，统计投篮位置、投篮次数、命中率和

---

〔1〕 刘勘，周晓峥，周洞汝. 数据可视化的研究与发展 [J]. 计算机工程，2002，28（8）：1 – 2.

得分数据。③处理数据。气泡图中，X－Y 对应投篮位置，气泡大小对应"投篮次数"，将统计的"单元区间得分"按照数据分成 7 个数据区间，然后将"投篮次数"的数据按照前述的 7 个数据区间分成 7 个数组。④生成气泡图并对各数据组进行阶梯渐变配色。⑤添加篮球场示意图、标题、图例和脚注（同理可绘制中近距离投篮数据热力图和个人投篮数据热力图）。

（2）拓扑数据分析技术。数据分析人士穆图·阿拉伽潘（Muthu Alagappan）利用拓扑数据分析技术对篮球运动员位置进行可视化分析，认为共有 13 个球员位置（详见表 46）。这项研究在斯隆体育分析峰会上获得最佳体育革新奖，被夏洛特山猫队的教练用来改进阵容，赢下了更多比赛。例如，德克·诺维茨基（Dirk Nowitzki）不是前锋，而是一名"得分篮板手"（Scoring Rebounder）；贾森·特里（Jason Terry）不是后卫，而是一名"进攻球处理者"（Offensive Ball－Handler）；从球员效能角度看，凯尔特人队的拉简·朗多（Rajon Rondo）更接近热火队的肖恩·巴蒂尔（Shane Battier），而不是同为后卫的马刺队的托尼·帕克（Tony Parker）。当然，该项研究还有很多不完善之处，但还是有可能通过该项研究改变 NBA 教练和总经理在球队配置、比赛排兵布阵时的思考方式。

表 46　拓扑数据分析的篮球运动员场上 13 个功能性位置一览表

球员位置	特点	代表人物
1　进攻控球者 （Offensive Ball－Handler）	善于运球和得分，罚球稳定，但是在抢断和防守上偏弱	托尼·帕克和 （Tony Pavkey） 贾森·特里 （Jason Tervy）
2　防守控球者 （Defensive Ball－Handler）	有较好的防守意识，负责运球并善于助攻和抢断，但运动得分、罚球方面表现平平	凯尔·洛瑞和 （Kyle Lowry） 迈克·康利 （Mike Conley）
3　综合控球者 （Combo Ball－Handler）	在进攻和防守方面比较均衡，没有特别突出的一面	约翰·沃尔和 （John Wall） 贾马尔·尼尔森 （Jameer Nelson）

	球员位置	特点	代表人物
4	投篮控球者 （Shooting Ball – Handler）	得分上颇有心得，投篮次数和命中率都高人一等	马努·吉诺比利和 （Manu Ginóbili） 斯蒂芬·库里 （Stephen Curry）
5	角色控球者 （Role – Playing Ball – Handler）	上场时间不多，在数据统计上对比赛的影响不大	鲁迪·费尔南德斯和 （Rudy Fernandez） 阿隆·阿弗拉罗 （Arron Afflalo）
6	三分篮板手 （3PT Rebounder）	身材高大的控球者，与普通控球者相比在篮板和三分球上数据出色	蔡斯·巴丁格和 （Chase Budinger） 洛尔·邓 （Luol Deng）
7	得分篮板手 （Scoring Rebounder）	经常抢到篮板，在进攻时积极要求	拉马库斯· 阿尔德里奇和 （LaMarcus Aldridge） 德克·诺维茨基 （Dirk Nowitzki）
8	三秒区保护者 （3-Second Land Protector）	善于盖帽和篮板，但是犯规次数往往会超过所得分数的大个子球员	泰森·钱德勒和 （Tyson Chandler） 马库斯·坎比 （Marcus Camby）
9	罚球线保护者 （Free Throw Line Protector）	在进攻端和防守端都表现出色，得分、篮板和盖帽数据都很出色	布雷克·格里芬和 （Blake Griffin） 凯文·乐福 （Kevin Love）
10	NBA 第一阵容 （All – NBA 1st Team）	此类球员在各项数据统计上都极为出色，统计软件为这些不同位置的超级球员专门划出一类	勒布朗·詹姆斯和 （LeBrow Jawes） 凯文·杜兰特 （Kevin Durant）
11	NBA 第二阵容 （All – NBA 2nd Team）	仅次于第一阵容的现象级球员	卡隆·巴特勒和 （Caron Butler） 鲁迪·盖伊 （Rudy Gay）

续表

	球员位置	特点	代表人物
12	角色球员 (Role Player)	比第二阵容技术稍差，出场时间不是很多	罗尼·布鲁尔和 (Ronnie Brewer) 肖恩·巴蒂尔 (Shane Battier)
13	独孤球员 (One – of – a – kind)	此类球员优秀到电脑无法进行分类，也无法与其他球员进行联系	德怀特·霍华德和 (Dwight Howard) 德里克·罗斯 (Derrick Rose)

注：整理自穆图·阿拉伽潘的《从5到13：对篮球位置的重新定义》。

（3）知识图谱技术。知识图谱是指用可视化技术来发现、描述、分析以及最终展示数据或文本之间的相互关系。它把统计学、应用数学、计算机科学、信息科学、文献计量学等学科理论和方法相结合，再用可视化方式来展现学科发展历程、研究现状、前沿领域及整体知识框架的多学科融合的一种研究方法[1]。其最大优点是利用空间形态来形象表现学科、领域、专业、个人文献或作者间关系，旨在展示学术研究中的学科网络结构和变化动态，通过引文分析、共现分析等分析方法来发现学科内和子学科间的联系，掌握当前学术研究的热点问题，预测学科的发展方向。知识图谱同样可以帮助篮球科研工作者进行文献资料的分析，以从中发现某些关系，知识图谱分析流程见图63，代表性的知识图谱工具见表47。

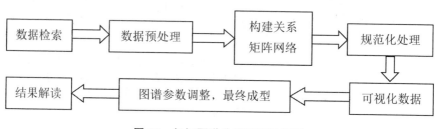

图63　知识图谱分析流程示意图

〔1〕 秦长江，侯汉清. 知识图谱——信息管理与知识管理的新领域 [J]. 大学图书馆学报，2009，27（1）：30－37.

表 47　知识图谱工具概况

序号	软件名称	开发机构
1	Pajek	斯洛文尼亚卢布尔雅那大学（Universitas Labacensis）
2	CiteSpace	美国德雷塞尔大学（Drexel University）
3	UCINET	美国加利福尼亚大学尔湾分校（University of California Irvine）
4	Bibexcel	瑞典于默奥大学（Umea University）
5	Gephi	人工智能发展协会 （The Association for the Advancement of Artificial Intelligence）
6	VOSviewer	荷兰莱顿大学科学技术研究中心（Center for Science and Technology Studies，CWTS）
7	Network Work-bench Tool	美国印第安纳大学（Indiana University）
8	Sci2 Tool	美国印第安纳大学（Indiana University）
9	Sci MAT	西班牙格拉纳达大学（Universidad de Granada）
10	Histcite	汤森路透（Thomson Reuters）

资料来源：本研究整理。

5.5.2.3　竞争情报的服务对象

根据系统科学理论，功能是刻画系统行为，特别是系统与环境关系的重要概念[1]。系统的任何行为都会对环境产生影响，系统行为所引起的、有利于环境中某些事物乃至整个环境续存与发展的作用称为系统的功能，被作用的外部事物称为系统的功能对象。简单来说，功能就是系统的行为对其功能对象生存发展所做的贡献。依据前文的研究可以看出，篮球竞争情报系统的功能对象（本研究称为服务对象）即以主教练为主、球员和球队管理层居次的用户体系（见图 64），位于篮球竞争情报价值链的价值实现环节。①主教练。篮球竞争情报系统本就是用以服务主教练制定决策的决策辅助系统，最终是通过队内定期会议、声像信息报告、内部数据库、书面专题报告、培训讲座、内部竞训简报、个人交往或联系、电子邮件等途径将篮球竞争情报传递给主教练，由其对拟订的多个比赛方案进行分析和评价后做出选择（或者由教练组共同商讨后做出抉择）。另外需要阐明的是，篮球竞争情报只是竞技参赛准备

---

〔1〕　陈禹. 系统科学与方法概论〔M〕. 北京：中国人民大学出版社，2006：79.

的一部分，可以参照情报产品适当地对球队实际情况做出调整，而非彻底地改变球队的习惯打法，增加太多的新内容很容易让本队球员迷惑，过度地利用篮球竞争情报不断改变自己球队最初的打法会让球队陷入麻烦。②球员。球员也是竞争情报系统的主要服务对象。以个人交往或联系为例，篮球竞争情报系统会派相关人员在球员于更衣室准备比赛时（如更换球衣、按摩等）应其要求播放对位球员的个人剪辑或对方战术。在此需强调的是，应当在教练员完全掌握对方队员比赛特点后再给队员观看对手的比赛资料，且一定是将一部分内容向球员展示而另一部分不要展示（不要给球员太多的信息）。总之，好的竞争情报服务会让球员觉得自己准备得很充分，从而建立信心，比如在球探报告中应体现对手的特殊动作和打法，球员就不会在对手做出出人意料的动作时感到惊讶；也会让球员了解对手的战术和策略，诸如紧逼防守、拖延时间战术等；还会让其了解对手的特殊打法即在特殊时刻对手可能使用的战术，如界外球战术等，让球员胸有成竹。③球队管理层。篮球竞争情报系统是球队的中央情报局、智囊团和思想库，为我国高水平篮球运动队在新时期如何应对内外部环境变化、提高战略决策能力、获取新的竞争优势、形成科学化发展的新增长点提供新思路。篮球竞争情报系统除了为教练员和运动员提供信息产品外，还为更高的管理决策层实施战略管理服务，即体育行政部门，如国家体育总局篮球运动管理中心或各俱乐部管理层，使管理层能够对本单位的篮球运动队进行科学规划、合理定位等，这对推动我国竞技篮球项目进入更科学的战略管理阶段有着重要意义。

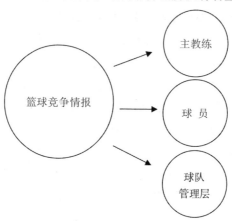

图64　篮球竞争情报用户体系

5.5.3 篮球竞争情报服务子系统的结构及运行

篮球竞争情报服务子系统的各要素为竞争情报服务内容、服务形式和服务对象，它们之间的关系：竞争情报系统的用户（服务对象）向系统提要求，系统为用户提供所需服务（服务内容）；在这个过程中系统会尽量以用户喜欢的方式（服务形式）为其服务。所以，在撰写篮球竞争情报的书面专题报告或编辑声像信息报告期间要随时与用户沟通。其实，无论是想要哪种主题、何时提供，还是以何种形式提供等，系统都要与用户保持通畅交流。当然，关键一环就是用户与系统之间的关系是否融洽，所以应该建立一种友好、信任、默契的伙伴关系，最终方能使情报成果被有效地利用（有专家指出，分析出的情报如何能被教练员有效地利用也是需要重点研究的课题。这将是笔者未来会重点考虑的研究主题）。此外需要再次强调的是，情报产品出现的目的不是让用户妄自菲薄，更不是让其盲目乐观，情报工作人员应该只写看到的东西、分析出的结果及结论，而不能把猜想到的东西作为事实写在报告中，当然若是在不确定的情况下可以写对手在某种情况下可能会怎么做。

5.5.4 实例分析

本研究节选 2016 年里约奥运会中国女篮备战西班牙队的球探报告（"战术分析报告"部分），以此作为对篮球竞争情报服务形式中"书面专题报告"的诠释。经中国女篮教练组的研究，西班牙队共有以下 12 种战术。

①双有球掩护→重叠双掩护，见图 65。

图 65　双有球掩护→重叠双掩护

②两次重叠双掩护，见图66。

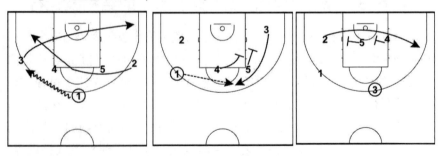

图66　两次重叠双掩护

③边路挡拆（手指朝下），见图67。

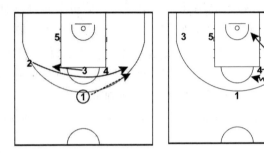

图67　边路挡拆

④中路挡拆，见图68。

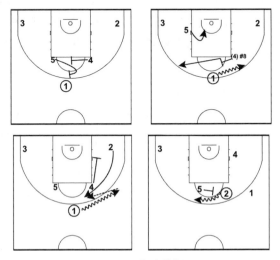

图68　中路挡拆

⑤边路挡拆→重叠双掩护，见图69。

图69　边路挡拆→重叠双掩护

⑥UCLA 切入→下掩护，见图70。

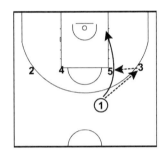

图70　UCLA 切入→下掩护

⑦犄角→给7号单打，见图71。

图71　犄角→给7号单打

⑧2 号位切到 X 点→给掩护球员再做掩护，见图 72。

图72　2 号位切到 X 点→给掩护球员再做掩护

⑨1 号位切到 X 点，见图 73。

图73　1 号位切到 X 点

⑩并一起→挡拆，见图 74。

图74　并一起→挡拆

⑪背掩护，见图75。

图75　背掩护

⑫给7号单打，见图76。

图76　给7号单打

⑥ 研究结论与展望

6.1 主要研究结论

（1）国内外体育情报的发展皆经历了先驱阶段、传统体育情报阶段和现代体育情报阶段。国外经验对我国体育情报发展的启示主要包括：建立和完善高水平运动队情报团队、运用高科技力量大力支持体育情报工作和加强从事体育情报工作人员的培养。

（2）篮球竞争情报是篮球运动队为在竞赛中取得和保持竞争优势而生产的关于竞争对手、本方球队及竞争环境的分析性情报产品，以辅助主教练做决策。篮球竞争情报这件分析性情报产品主要生产于赛前即备战期间；产品内容为竞争对手、本方球队、竞争环境这三个方面的调查与评估，以及根据评估结果提出的多个竞赛备选方案以供主教练从方案中做出选择。

（3）篮球竞争情报系统是篮球运动队为了在竞赛中取得和保持竞争优势而建立起来的组织机构和配套的信息运行系统，是通过收集和分析竞争对手、本方球队和竞争环境信息而生产出篮球竞争情报以辅助主教练决策的决策辅助系统。信息运行系统是生产与传递篮球竞争情报的运作系统，由篮球竞争情报收集子系统、分析子系统和服务子系统组成，而组织机构则是信息运行系统的运作实体。

（4）篮球竞争情报收集子系统是整个系统的输入系统，分析子系统是篮球竞争情报的制造车间，服务子系统是篮球竞争情报系统的输出系统。三个子系统之间的关系：收集子系统根据首席情报官确立的情报主题进行信息收集，之后对所获信息进行初步整理，同时做好资料的保管及定期归档等前期工作；分析子系统则采用恰当的方法分析收集子系统所获信息，生产出所需要的分析性情报产品；最后由服务子系统以用户喜欢的方式对产品进行包装，并将其及时输送至各个用户手中。

（5）篮球竞争情报系统的运作实体是篮球运动队的情报机构，主要由首席情报官和篮球科研工作者组成，业务流程大致为竞争情报收集、分析与服务，具体涉及录像剪辑、技战术分析、球探、数据分析等工作。首席情报官既是篮球情报机构的主管，负责篮球竞争情报系统的运行、工作计划等的制订和管理，又要参与球队的核心决策。篮球科研工作主要为技战术分析、球探、录像剪辑、数据分析等工作，而从事该类工作的人员则统称为篮球科研教练、篮球科研工作者或情报分析人员。

（6）篮球竞争情报收集子系统包括篮球竞争情报收集内容、收集渠道和收集方法。篮球竞争情报收集内容指标体系共包含 3 个一级指标、8 个二级指标和 70 个三级指标。篮球竞争情报收集渠道主要有录像观察，互联网和内联网，媒体信息，实地考察，人际网络，书刊、档案、学术论文等文献资料，咨询或聘请熟悉竞争对手的人员，科研课题，从体育公司购买。篮球竞争情报收集方法为视频采集法、技术统计法、实地观察法、文献资料法、访谈法。

（7）篮球竞争情报分析子系统包括篮球竞争情报分析主题、分析方法和分析工具。篮球竞争情报分析主题大体可分为双方竞技能力现状、双方竞技能力特点和本方球队竞赛策略。篮球竞争情报分析方法为指标细化法、数据分析法和策略分析法。篮球竞争情报分析工具主要有澳大利亚 Sportstec 公司研发的 Sportscode Gamebreaker 软件、加拿大 Corel 公司研发的 Corel Video Studio 软件、美国 Adobe 公司研发的 Adobe Premiere Pro 软件、美国 Synergy Sports Technology 公司的视频编辑平台、以色列球探网站 Scouting4u：Basketball Scouting Service & Video Online、瑞士 Dartfish 公司研发的 Dart Trainer 软件。

（8）篮球竞争情报服务子系统包括篮球竞争情报服务内容、服务形式和服务对象。篮球竞争情报服务内容包括竞争对手、本方球队、竞争环境的信息资料；竞争对手、本方球队、竞争环境的现状；双方竞技能力特点及风格；本方球队竞赛策略。篮球竞争情报服务形式为队内定期会议、声像信息报告、内部数据库、书面专题报告、培训讲座、内部竞训简报、个人交往或联系、电子邮件。篮球竞争情报服务对象为主教练、球员、球队管理层。

6.2　未来研究展望

本研究通过规范分析与实证分析后构建出我国篮球竞赛情报工作体

系的理论——篮球竞争情报系统（理论体系），希望为我国高水平篮球运动队的相关建设提供理论指导，使参考该理论建成的球队篮球竞争情报系统能够为其决策层的科学决策提供智力支持，以帮助球队在激烈的比赛中获取优势、取得比赛的胜利。所以，本研究是一个比较有意义的尝试。但是，由于篮球竞赛情报工作研究是一个极其复杂的课题，特别是在具体实践中会涉及许多不具有很强规律性的问题，给科学研究带来较大困难。这就需要研究者于未来继续深入探索，利用科学方法不断发现、总结规律。也就是说，尽管本研究在篮球竞争情报系统的总体构成、总体运作、各子系统构成、各子系统结构及运行等方面做了一些工作，但从总体来看这些工作尚处于探索阶段，取得的成果也是初步的，更多问题还需要进一步探讨。因此，笔者认为，在今后该课题的研究上可以重点从以下几方面展开：

（1）篮球反竞争情报子系统构建研究。球队在开展竞争情报活动的同时，必须具备一定的反侦察能力，以保障信息安全。所以，高水平篮球运动队反竞争情报工作的系统研究也应引起重视。笔者初步认为，欲建设的篮球反竞争情报子系统的主要任务是针对竞争对手竞争情报活动而开展的一系列防范性情报工作。具体来讲，一方面要研究防止本方敏感信息外泄的防御方式与途径，即设一道防线；另一方面还要深入分析竞争对手对本方的竞争情报活动，积极抵御竞争对手的情报收集和实力刺探。其中，保障自己的涉密信息是篮球反竞争情报的中心目标和工作实质。篮球反竞争情报系统与篮球竞争情报系统是一个事物的两面，是矛和盾的关系：收集、分析和服务子系统构成篮球竞争情报系统的主体部分，扮演着进攻的"矛"的角色；篮球反竞争情报子系统则居次，任务是抵御竞争对手针对本队的情报活动，目的是最大限度地掐断竞争对手获取本队情报的主要情报源和情报渠道，保护自己的情报不被竞争对手获得，扮演着防守的"盾"的角色。从这个意义上说，反竞争情报是一种针对竞争情报活动的反情报过程，是一种风险管理保护模式。此外，笔者认为，要想赢得反竞争情报的胜利不能只是静观其变，更应该主动施放虚假信息以误导竞争对手。

（2）篮球竞争情报系统的运作实体——篮球竞争情报中心的构建研究。前文提到，"篮球竞争情报系统 = 运作实体 + 运作系统"。篮球竞争情报系统的运作实体是篮球运动队的情报机构，本研究称之为"篮球竞争情报中心",是篮球竞争情报系统的运行和控制中心,即该组织机构是虚拟系统(信息系统——收集、分析、服务子系统)的支撑实体。本研究只概述了该组织机构的工作流程为收集、分析、服务三大方面,工作种类为录像剪辑工作、技战术分析工作、球探工作、数据分析工作,却未做出更为详尽的调查与分析。最主要的是,篮球竞争情报中心构建的关键是组织建设与管理,这需要大量管理学方面的知识作为支撑,以及调查到足够样本量的高水平篮球运动队的具体组织架构情况等。因此,工作量颇大,需要在未来研究中展开,从而完善篮球竞争情报系统的理论体系。

(3)篮球竞争情报系统构建的实证研究。实证研究是从大量经验事实中通过科学归纳,总结出具有普遍意义的结论或规律(从个别到一般,即归纳),然后再将结论带到实践中进行检验(从一般到个别,即演绎)的方法论思想。所以为了验证本书研究成果,可以与某高水平篮球运动队进行合作,以本研究的理论体系为指导思想和行动指南(蓝图),设计出适合球队实际情况的篮球竞争情报系统构建方案,之后投入建设,观察建设出的系统是否能够帮助球队取得竞争优势。同时在实践当中不断发现问题、总结经验,继而修正本理论模型。

(4)篮球竞争情报系统的评价体系构建研究。目前,我国在篮球竞赛情报工作方面的评价研究尚属空白,所以,笔者认为,可以从对已建成的篮球竞争系统的构建优劣进行评价着手,即回答"构建得怎么样"的问题。通过评价指标的遴选、评价指标权重的确定等步骤形成一套评价理论用于衡量现状,从而使球队根据该评价理论应用下的评估结果对其竞争情报系统进行改进。

此外,笔者认为,若有机会一定要出国考察欧美职业篮球联赛的球队,或以访问学者等身份与国外高校等科研机构建立学术联系。因本研究的构建初衷是寻求国内外篮球竞赛情报方面的优秀素材以建设系统,所以最好能实地参与现场的调查研究工作,以获取第一手资料。考察的时间自然越长越好,利用科学方法分析所获资料并撰写成调查报告,从国外科研机构中汲取本领域的学术前沿知识或与其建立学术合作,从而把握该领域前沿动态,提炼出符合国情的要素精华,继而丰富本研究建立的篮球竞争情报系统理论体系。还有诸如"情报产品如何能够被教练员有效地利用"这样更细化的研究课题,都是需要在后续工作中考虑和完善的。

附　录

附录1　篮球竞赛情报收集内容指标体系
专家征询问卷（第一轮）

尊敬的专家：

您好！

首先，由衷地感谢您在百忙之中抽出时间完成此问卷，对您给予本研究的支持表示最诚挚的谢意！

篮球竞赛情报收集内容是指篮球运动队在竞赛情报工作中收集的信息，是用以生产情报产品的原材料，是情报工作的起点。由于收集内容是多维度、多层次的，所以本研究决定将其制成指标体系，以便量化研究。在前期研究中，笔者通过专家访谈、文献收集等多种途径初步建立了篮球竞赛情报收集内容指标体系。为避免构建的指标体系受研究者主观因素影响，本研究设计了此专家征询问卷，希望借助本次专家调查为科学制定指标体系提供依据。本问卷填答结果仅供学术研究之用，再次感谢您拨冗给予本研究的支持！

通信地址：北京体育大学研究生院（邮编100084）

联系电话：18911403186

电子邮箱：sqxs9@126.com

北京体育大学博士研究生：岳文

导师：沈阳体育学院马毅教授

2016年11月

问题描述与拟定指标的层次结构：

本研究将"篮球竞赛情报收集内容"设为总体目标，并依据"知彼""知己""知环境"三个方面将"篮球竞赛情报收集内容"总体目标层分解为竞争对手、本方球队、竞争环境三个对象的信息收集，然后在这一对象层的约束下推导出球员基本信息、技术信息、战术信息、教练员信息、球队日常信息、球队竞赛信息、参赛环境、官方监管与舆论环境8大要素维度，最后依据要素维度确立指标体系层次模型（如图1所示）。需要说明的是，本研究的初衷是希望构建的指标体系能够覆盖情报分析时需要的所有指标。然而，要网罗齐大大小小、不同层面的指标并不现实，所以本研究选取了概括性强、信息含量大的"核心指标"来构建体系。例如，将有共同特点的指标进行聚类——"区域得分、二次进攻得分、快攻得分、利用对方失误得分、每次攻守转换得分、助攻得分"合并为"得分"，"得分"即"核心指标"。

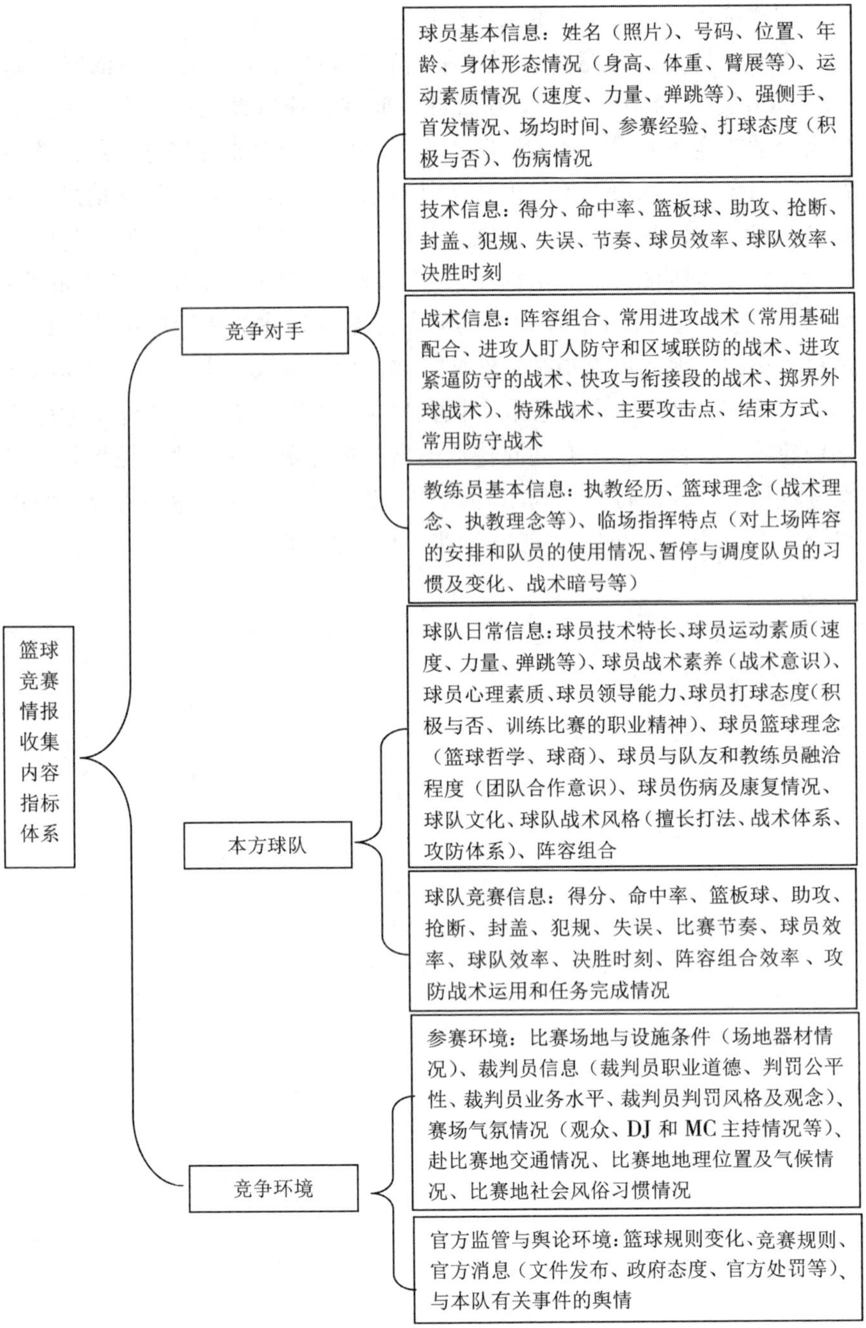

```
                                        ┌─────────────────────────────────────────┐
                                        │ 球员基本信息：姓名（照片）、号码、位置、年   │
                                        │ 龄、身体形态情况（身高、体重、臂展等）、运    │
                                        │ 动素质情况（速度、力量、弹跳等）、强侧手、    │
                                        │ 首发情况、场均时间、参赛经验、打球态度（积    │
                                        │ 极与否）、伤病情况                          │
                                        └─────────────────────────────────────────┘
                                        ┌─────────────────────────────────────────┐
                                        │ 技术信息：得分、命中率、篮板球、助攻、抢断、  │
                                        │ 封盖、犯规、失误、节奏、球员效率、球队效率、   │
                          ┌──────────┐  │ 决胜时刻                                   │
                          │          │  └─────────────────────────────────────────┘
                          │ 竞争对手  │  ┌─────────────────────────────────────────┐
                          │          │  │ 战术信息：阵容组合、常用进攻战术（常用基础  │
                          └──────────┘  │ 配合、进攻人盯人防守和区域联防的战术、进攻    │
                                        │ 紧逼防守的战术、快攻与衔接段的战术、掷界外    │
                                        │ 球战术）、特殊战术、主要攻击点、结束方式、    │
                                        │ 常用防守战术                              │
                                        └─────────────────────────────────────────┘
                                        ┌─────────────────────────────────────────┐
                                        │ 教练员基本信息：执教经历、篮球理念（战术理  │
                                        │ 念、执教理念等）、临场指挥特点（对上场阵容   │
                                        │ 的安排和队员的使用情况、暂停与调度队员的习   │
                                        │ 惯及变化、战术暗号等）                      │
                                        └─────────────────────────────────────────┘
  ┌──────┐                              ┌─────────────────────────────────────────┐
  │ 篮球  │                              │ 球队日常信息：球员技术特长、球员运动素质（速 │
  │ 竞赛  │                              │ 度、力量、弹跳等）、球员战术素养（战术意识）、│
  │ 情报  │                              │ 球员心理素质、球员领导能力、球员打球态度（积 │
  │ 收集  │              ┌──────────┐    │ 极与否、训练比赛的职业精神）、球员篮球理念   │
  │ 内容  │              │          │    │ （篮球哲学、球商）、球员与队友和教练员融洽   │
  │ 指标  │              │ 本方球队  │    │ 程度（团队合作意识）、球员伤病及康复情况、   │
  │ 体系  │              │          │    │ 球队文化、球队战术风格（擅长打法、战术体系、 │
  └──────┘              └──────────┘    │ 攻防体系）、阵容组合                       │
                                        └─────────────────────────────────────────┘
                                        ┌─────────────────────────────────────────┐
                                        │ 球队竞赛信息：得分、命中率、篮板球、助攻、  │
                                        │ 抢断、封盖、犯规、失误、比赛节奏、球员效    │
                                        │ 率、球队效率、决胜时刻、阵容组合效率、攻    │
                                        │ 防战术运用和任务完成情况                    │
                                        └─────────────────────────────────────────┘
                                        ┌─────────────────────────────────────────┐
                                        │ 参赛环境：比赛场地与设施条件（场地器材情   │
                                        │ 况）、裁判员信息（裁判员职业道德、判罚公平   │
                                        │ 性、裁判员业务水平、裁判员判罚风格及观念）、 │
                                        │ 赛场气氛情况（观众、DJ 和 MC 主持情况等）、  │
                          ┌──────────┐  │ 赴比赛地交通情况、比赛地地理位置及气候情    │
                          │          │  │ 况、比赛地社会风俗习惯情况                  │
                          │ 竞争环境  │  └─────────────────────────────────────────┘
                          │          │  ┌─────────────────────────────────────────┐
                          └──────────┘  │ 官方监管与舆论环境：篮球规则变化、竞赛规则、 │
                                        │ 官方消息（文件发布、政府态度、官方处罚等）、 │
                                        │ 与本队有关事件的舆情                        │
                                        └─────────────────────────────────────────┘
```

图 1　指标体系层次结构划分示意图

篮球竞赛情报收集内容指标体系征询：

本调查所有回答无对错之分，只用于统计分析，请根据您的想法作答。所有选题均为任选，请在您同意的指标后面的括号内画"√"；不同意的指标画"×"或者不作填写；若您有修改建议，请写在括号内。

一、本研究将"篮球竞赛情报收集内容"设为总体目标，依据"知彼""知己""知环境"要求将总体目标分解为竞争对手、本方球队、竞争环境三个对象的信息收集，并据此初步构建了篮球竞赛情报收集内容指标体系。您觉得这样分类合适吗？如果有更好的建议请写在下面，我们衷心感谢您的指导。

_____

_____

二、就您在上一题中同意的几个方面，在下列选项中选择具体指标。

（一）在竞争对手方面，您认为以下哪些二级指标可代表（多选）：

1. 球员基本信息　　　　　　　　　　　　　（　　　　）

2. 技术信息　　　　　　　　　　　　　　　（　　　　）

3. 战术信息　　　　　　　　　　　　　　　（　　　　）

4. 教练员基本信息　　　　　　　　　　　　（　　　　）

除此之外，您认为还有哪些指标？如果有，请填写＿＿＿＿＿＿＿

（1）如果选"球员基本信息"指标，以下哪些指标可代表（多选）：

①姓名（照片）　　　　　　　　　　　　　（　　　　）

②号码　　　　　　　　　　　　　　　　　（　　　　）

③位置　　　　　　　　　　　　　　　　　（　　　　）

④年龄　　　　　　　　　　　　　　　　　（　　　　）

⑤身体形态情况（身高、体重、臂展等）　　（　　　　）

⑥运动素质情况（速度、力量、弹跳等）　　（　　　　）

⑦强侧手　　　　　　　　　　　　　　　　（　　　　）

⑧首发情况　　　　　　　　　　　　　　　（　　　　）

⑨场均时间　　　　　　　　　　　　　　　（　　　　）

⑩参赛经验　　　　　　　　　　　　　　　（　　　　）

⑪打球态度（积极与否）　　　　　　　　　（　　　　）

⑫伤病情况 （　　　）

除此之外，您认为还有哪些指标？如果有，请填写_____

（2）如果选"技术信息"指标，以下哪些指标可代表（多选）：

①得分 （　　　）

②命中率 （　　　）

③篮板球 （　　　）

④助攻 （　　　）

⑤抢断 （　　　）

⑥封盖 （　　　）

⑦犯规 （　　　）

⑧失误 （　　　）

⑨节奏 （　　　）

⑩球员效率 （　　　）

⑪球队效率 （　　　）

⑫决胜时刻 （　　　）

除此之外，您认为还有哪些指标？如果有，请填写_____

（3）如果选"战术信息"指标，以下哪些指标可代表（多选）：

①阵容组合 （　　　）

②战术落位（攻、防） （　　　）

③战术信号（发动） （　　　）

④战术路线 （　　　）

⑤战术配合（攻、防） （　　　）

除此之外，您认为还有哪些指标？如果有，请填写_____

（4）如果选"教练员基本信息"指标，以下哪些指标可代表（多选）：

①执教经历 （　　　）

②性格特点 （　　　）

③篮球理念（篮球哲学、战术理念） （　　　）

④临场指挥特点 （　　　）

⑤对上场阵容的安排和队员的使用情况 （　　　）

⑥暂停与调度队员的习惯 （　　　）

⑦战术暗号（语言或手势传达作战意图等） （　　　）

除此之外，您认为还有哪些指标？如果有，请填写＿＿＿＿＿＿＿＿

（二）在本方球队方面，您认为以下哪些二级指标可代表（多选）：

1．球队日常信息　　　　　　　　　　　　　　（　　　　）

2．球队竞赛信息　　　　　　　　　　　　　　（　　　　）

除此之外，您认为还有哪些指标？如果有，请填写＿＿＿＿＿＿＿＿

（1）如果选"球队日常信息"指标，以下哪些指标可代表（多选）：

①球员技术特长　　　　　　　　　　　　　　（　　　　）

②球员运动素质（速度、力量、弹跳等）　　　（　　　　）

③球员战术素养（战术意识）　　　　　　　　（　　　　）

④球员心理素质　　　　　　　　　　　　　　（　　　　）

⑤球员领导能力　　　　　　　　　　　　　　（　　　　）

⑥球员打球态度（积极与否、训练比赛的职业精神）（　　　　）

⑦球员篮球理念（篮球哲学、球商）　　　　　（　　　　）

⑧球员与队友、教练员融洽程度（团队合作意识）（　　　　）

⑨球员伤病及康复情况　　　　　　　　　　　（　　　　）

⑩球队文化　　　　　　　　　　　　　　　　（　　　　）

⑪球队战术风格（擅长打法、攻防战术体系）　（　　　　）

⑫阵容组合　　　　　　　　　　　　　　　　（　　　　）

除此之外，您认为还有哪些指标？如果有，请填写＿＿＿＿＿＿＿＿

（2）如果选"球队竞赛信息"指标，以下哪些指标可代表（多选）：

①得分　　　　　　　　　　　　　　　　　　（　　　　）

②命中率　　　　　　　　　　　　　　　　　（　　　　）

③篮板球　　　　　　　　　　　　　　　　　（　　　　）

④助攻　　　　　　　　　　　　　　　　　　（　　　　）

⑤抢断　　　　　　　　　　　　　　　　　　（　　　　）

⑥封盖　　　　　　　　　　　　　　　　　　（　　　　）

⑦犯规　　　　　　　　　　　　　　　　　　（　　　　）

⑧失误　　　　　　　　　　　　　　　　　　（　　　　）

⑨比赛节奏　　　　　　　　　　　　　　　　（　　　　）

⑩球员效率　　　　　　　　　　　　　　　　（　　　　）

⑪球队效率　　　　　　　　　　　　　　　　（　　　　）

⑫决胜时刻　　　　　　　　　　　　　　　　　（　　　　）

⑬阵容组合效率　　　　　　　　　　　　　　　（　　　　）

⑭攻防战术运用和任务完成情况　　　　　　　　（　　　　）

除此之外，您认为还有哪些指标？如果有，请填写＿＿＿＿＿＿

（三）在竞争环境方面，您认为以下哪些二级指标可代表（多选）：

1. 参赛环境　　　　　　　　　　　　　　　　（　　　　）

2. 官方监管与舆论环境　　　　　　　　　　　（　　　　）

除此之外，您认为还有哪些指标？如果有，请填写＿＿＿＿＿＿

（1）如果选"参赛环境"指标，以下哪些指标可代表（多选）：

①比赛场地与设施条件（场地器材情况）　　　（　　　　）

②裁判员信息（裁判员职业道德、业务水平、判罚风格等）

　　　　　　　　　　　　　　　　　　　　　（　　　　）

③赛场气氛情况（观众、流行音乐播音员和主持人主持情况等）

　　　　　　　　　　　　　　　　　　　　　（　　　　）

④赴比赛地交通情况　　　　　　　　　　　　（　　　　）

⑤比赛地地理位置及气候条件　　　　　　　　（　　　　）

⑥比赛地社会风俗习惯情况　　　　　　　　　（　　　　）

⑦比赛地食宿情况　　　　　　　　　　　　　（　　　　）

除此之外，您认为还有哪些指标？如果有，请填写＿＿＿＿＿＿

（2）如果选"官方监管与舆论环境"指标，以下哪些指标可代表（多选）：

①篮球规则变化　　　　　　　　　　　　　　（　　　　）

②竞赛规则　　　　　　　　　　　　　　　　（　　　　）

③官方消息（文件发布、政府态度、官方处罚等）（　　　　）

④与本队有关事件的舆情　　　　　　　　　　（　　　　）

除此之外，您认为还有哪些指标？如果有，请填写＿＿＿＿＿＿

问卷到此结束，感谢您的耐心审阅和宝贵意见！

附录2 Questionnaire on the Information Collected by Basketball Scouting (First Round)

Dear Professor/Sir/Madam,

Thank you for participating in this survey. This questionnaire is designed to survey the information collected by basketball scouts which is used to produce scouting reports. The data collected will be used in my dissertation. It is sure that your private information and opinions will be kept secret. Thank you in advance!

Yours Respectfully,

(Ms.) Wen Yue

Beijing Sport University

Ph. D. Candidate

E – mail: sqxs9@126. com

INSTRUCTION:

1. Multiple – choice (more than one answer).

2. Please write down your own answer if you choose "other".

QUESTION:

A. The information collected includes "competitors (team against)" "our team" "competitive environment". Do you think this classification is appropriate? If you have a better suggestion, please write it down.

_____

_____

B. If you choose "competitors", which of the following secondary indicators do you think can represent?

1. basic information of players   (   )

2. basketball technical information   (   )

3. basketball tactical information   (   )

4. basic information of coaches   (   )

other _____

1. If you choose "basic information of players", which of the following indicators do you think can represent?

①name (and picture)   (   )

②uniform number   (   )

③position   (   )

④age   (   )

⑤body shape (height, weight, arm span, etc.)   (   )

⑥physical fitness (speed, force, jump, etc.)   (   )

⑦strong side hand   (   )

⑧starting lineup player or not   (   )

⑨field average time   (   )

⑩competition experience   (   )

⑪play attitude (positive or not)   (   )

⑫injury situation   (   )

other _____

2. If you choose "basketball technical information", which of the following indicators do you think can represent?

①points   (   )

②field goal percentage   (   )

③rebounds   (   )

④assists   (   )

⑤steals   (   )

⑥blocks   (   )

⑦fouls   (   )

⑧turnovers   (   )

⑨pace   (   )

⑩player efficiency rating   (   )

⑪team efficiency rating （   ）

⑫clutch moments （   ）

other _____

3. If you choose "basketball tactical information", which of the following indicators do you think can represent?

①lineups （   ）

②tactical formation (offensive and defensive) （   ）

③tactical signal (onset) （   ）

④tactical route （   ）

⑤tactical coordination (offensive and defensive) （   ）

other _____

4. If you choose "basic information of coaches", which of the following indicators do you think can represent?

①coaching experience （   ）

②personality characteristics （   ）

③basketball philosophy (tactical philosophy, etc.) （   ）

④field command characteristics （   ）

⑤the arrangement of lineups and the use of players （   ）

⑥habits of time－out and dispatch of team members （   ）

⑦tactical signal (language or gestures to convey operational intent, etc.)

（   ）

other _____

C. If you choose "our team", which of the following secondary indicators do you think can represent?

1. team daily information （   ）

2. team competition information （   ）

other _____

1. If you choose "team daily information", which of the following indicators do you think can represent?

①technique specialty of players （   ）

②physical fitness of players (speed, force, jump, etc.) （   ）

③tactic consciousness of players （   ）

④psychological quality of players   (   )

⑤leadership of players   (   )

⑥play attitude of players (positive or not)   (   )

⑦basketball philosophy of players   (   )

⑧the harmonious degree of players with their teammates and coaches

     (   )

⑨injury and rehabilitation of players   (   )

⑩team culture   (   )

⑪tactics style of team   (   )

⑫lineups   (   )

other _____

2. If you choose "team competition information", which of the following indicators do you think can represent?

①points   (   )

②field goal percentage   (   )

③rebounds   (   )

④assists   (   )

⑤steals   (   )

⑥blocks   (   )

⑦fouls   (   )

⑧turnovers   (   )

⑨pace   (   )

⑩player efficiency rating   (   )

⑪team efficiency rating   (   )

⑫clutch moments   (   )

⑬the effect of lineups   (   )

⑭the usage of offensive and defensive tactics, including the completion of tasks of offensive and defensive   (   )

other _____

D. If you choose "competitive environment", which of the following secondary indicators do you think can represent?

1. competition environment   (   )

2. official supervision and public opinion environment ( )

other _____

1. If you choose "competition environment", which of the following indicators do you think can represent?

①basketball equipment situation in the arena ( )

②referee information (referee professional ethics, professional level, penalty style, etc.) ( )

③the atmosphere of arena (audience situation, DJ and MC host situation, etc.) ( )

④traffic situation that going to the competition venue ( )

⑤location and climate condition of competition venue ( )

⑥social customs and habits of competition venue ( )

⑦meals and accommodation situation of competition venue ( )

other _____

2. If you choose "official supervision and public opinion environment", which of the following indicators do you think can represent?

①change of official basketball rules ( )

②official competition rules ( )

③official news (the release of official documents, government attitude, official punishment, etc.) ( )

④public opinion about the events of our team ( )

other _____

This is the end of the questionnaire. Thank you for your support!

附录3　篮球竞赛情报收集内容指标体系专家征询问卷（第二轮）

尊敬的专家：

　　您好！

　　在您的大力支持下，篮球竞赛情报收集内容指标体系研究取得了较快进展。通过第一轮专家问卷调查，我们根据各个专家的具体意见设计出了第二轮调查表。本轮调查的目的是弄清各个指标对相应上一级指标的重要程度。请根据您的想法在"很重要""重要""一般""不重要""很不重要"中进行选择（在相应一栏内打"√"）。

　　再次感谢您在百忙之中抽出时间完成此问卷，对您付出的辛勤劳动表示最诚挚的谢意！祝您身体健康，工作顺利！

　　通信地址：北京体育大学研究生院（邮编100084）
　　联系电话：18911403186
　　电子邮箱：sqxs9@126.com

北京体育大学博士研究生：岳文
导师：沈阳体育学院马毅教授
2016 年 11 月

表1　篮球竞赛情报收集内容一级指标专家调查表

序号	指标内容	很重要	重要	一般	不重要	很不重要
B1	竞争对手					
B2	本方球队					
B3	竞争环境					

表2　竞争对手二级指标专家调查表

序号	指标内容	很重要	重要	一般	不重要	很不重要
C1	球员基本信息					
C2	技术信息					
C3	战术信息					
C4	教练员基本信息					

表3　竞争对手三级指标专家调查表

二级标题	三级标题	很重要	重要	一般	不重要	很不重要
C1 球员基本信息	D1 姓名（照片）					
	D2 号码					
	D3 位置					
	D4 年龄					
	D5 身体形态情况（身高、体重、臂展等）					
	D6 运动素质情况（速度、力量、弹跳等）					
	D7 强侧手					
	D8 首发情况					
	D9 场均时间					
	D10 参赛经验					
	D11 打球态度（积极与否）					
	D12 伤病情况					

续表

二级标题	三级标题	很重要	重要	一般	不重要	很不重要
C2 技术信息	D13 得分					
	D14 命中率					
	D15 篮板球					
	D16 助攻					
	D17 抢断					
	D18 封盖					
	D19 犯规					
	D20 失误					
	D21 节奏					
	D22 球员效率					
	D23 球队效率					
	D24 决胜时刻					
C3 战术信息	D25 阵容组合					
	D26 常用进攻战术（常用基础配合、进攻人盯人防守和区域联防的战术、进攻紧逼防守的战术、快攻与衔接段的战术、掷界外球战术）					
	D27 特殊战术					
	D28 主要攻击点					
	D29 结束方式					
	D30 常用防守战术					
C4 教练员基本信息	D31 执教经历					
	D32 篮球理念（战术理念、执教理念等）					
	D33 临场指挥特点（对上场阵容的安排和队员的使用情况、暂停与调度队员的习惯及变化、战术暗号等）					

表4　本方球队二级指标专家调查表

序号	指标内容	很重要	重要	一般	不重要	很不重要
C5	球队日常信息					
C6	球队竞赛信息					

表5　本方球队三级指标专家调查表

二级标题	三级标题	很重要	重要	一般	不重要	很不重要
C5 球员日常信息	D34 球员技术特长					
	D35 球员运动素质（速度、力量、弹跳等）					
	D36 球员战术素养（战术意识）					
	D37 球员心理素质					
	D38 球员领导能力					
	D39 球员打球态度（积极与否、训练比赛的职业精神）					
	D40 球员篮球理念（篮球哲学、球商）					
	D41 球员与队友、教练员融洽程度（团队合作意识）					
	D42 球员伤病及康复情况					
	D43 球队文化					
	D44 球队战术风格（擅长打法、战术体系、攻防体系）					
	D45 阵容组合					

二级标题	三级标题	很重要	重要	一般	不重要	很不重要
C6 球队竞赛信息	D46 得分					
	D47 命中率					
	D48 篮板球					
	D49 助攻					
	D50 抢断					
	D51 封盖					
	D52 犯规					
	D53 失误					
	D54 比赛节奏					
	D55 球员效率					
	D56 球队效率					
	D57 决胜时刻					
	D58 阵容组合效率					
	D59 攻防战术运用和任务完成情况					

表6 竞争环境二级指标专家调查表

序号	指标内容	很重要	重要	一般	不重要	很不重要
C7	参赛环境					
C8	官方监管与舆论环境					

表7 竞争环境三级指标专家调查表

二级标题	三级标题	很重要	重要	一般	不重要	很不重要
C7 参赛环境	D60 比赛场地与设施条件（场地器材情况）					
	D61 裁判员信息（裁判员职业道德，判罚公平性、裁判员业务水平、裁判员判罚风格及观念）					

二级标题	三级标题	很重要	重要	一般	不重要	很不重要
	D62 赛场气氛情况（观众、DJ 和 MC 主持情况等）					
	D63 赴比赛地交通情况					
	D64 比赛地地理位置及气候情况					
	D65 比赛地社会风俗习惯情况					
	D66 比赛地食宿情况					
C8 官方监管与舆论环境	D67 篮球规则变化					
	D68 竞赛规则					
	D69 官方消息（文件发布、政府态度、官方处罚等）					
	D70 与本队有关事件的舆情					

感谢您耐心审阅题目并提供宝贵意见！

附录 4 Questionnaire on the Information Collected by Basketball Scouting (Second Round)

Dear Professor/Sir/Madam,

With your great support, this research has made rapid progress. Based on the first round of questionnaire survey, I design the second round. The purpose of this round is to clarify the importance of every indicator to the corresponding higher – level indicator. Please choose "very important, important, general, not important, very unimportant" (single answer) according to your thoughts. Thank you for your enthusiastic participation and strong support!

Yours Respectfully,

(Ms.) Wen Yue

Beijing Sport University

Ph. D. Candidate

E – mail: sqxs9@126. com

QUESTION:

Questionnaire on "Information Collected by Basketball Scouting" First Indicators

NO.	indicators	very important	important	general	not important	very unimportant
B1	competitors					
B2	our team					
B3	competitive environment					

Questionnaire on "Competitors" Secondary Indicators

NO.	indicators	very important	important	general	not important	very unimportant
C1	basic information of players					
C2	basketball technical information					
C3	basketball tactical information					
C4	basic information of coaches					

Questionnaire on "Competitors" Third Indicators

secondary indicators	third indicators	very important	important	general	not important	very unimportant
C1 basic information of players	D1 name (and picture)					
	D2 uniform number					
	D3 position					
	D4 age					
	D5 body shape (height, weight, arm span, etc.)					
	D6 physical fitness (speed, force, jump, etc.)					
	D7 strong side hand					
	D8 starting lineupplayer or not					
	D9 field average time					
	D10 competition experience					
	D11 play attitude (positive or not)					
	D12 injury situation					

secondary indicators	third indicators	very important	important	general	not important	very unimportant
C2 basketball technical information	D13 points					
	D14 field goal percentage					
	D15 rebounds					
	D16 assists					
	D17 steals					
	D18 blocks					
	D19 fouls					
	D20 turnovers					
	D21 pace					
	D22 player efficiency rating					
	D23 team efficiency rating					
	D24 clutch moments					
C3 basketball tactical information	D25 lineups					
	D26 commonly used offensive tactics					
	D27 special offensive tactics					
	D28 main attack point					
	D29 the way the offense ended					
	D30 commonly used defense tactics					
C4 basic information of coaches	D31 coaching experience					
	D32 basketball philosophy					
	D33 field command characteristics (the arrangement of lineups and the use of players, habits of time-out and dispatch of team members, tactical signal)					

Questionnaire on "Our Team" Secondary Indicators

NO.	indicators	very important	important	general	not important	very unimportant
C5	team daily information					
C6	team competition information					

Questionnaire on "Our Team" Third Indicators

secondary indicators	third indicators	very important	important	general	not important	very unimportant
C5 team daily information	D34 technique specialty of players					
	D35 physical fitness of players (speed, force, jump, etc.)					
	D36 tactic consciousness of players					
	D37 psychological quality of players					
	D38 leadership of players					
	D39 play attitude of players (positive or not)					
	D40 basketball philosophy of players					
	D41 the harmonious degree of players with their teammates and coaches					
	D42 injury and rehabilitation of players					
	D43 team culture					
	D44 tactics style of team					
	D45 lineups					

231

secondary indicators	third indicators	very important	important	general	not important	very unimportant
C6 team competition information	D46 points					
	D47 field goal percentage					
	D48 rebounds					
	D49 assists					
	D50 steals					
	D51 blocks					
	D52 fouls					
	D53 turnovers					
	D54 pace					
	D55 player efficiency rating					
	D56 team efficiency rating					
	D57 clutch moments					
	D58 the effect of lineups					
	D59 the usage of offensive and defensive tactics, including the completion of tasks of offensive and defensive					

Questionnaire on "Competitive Environment" Secondary Indicators

NO.	indicators	very important	important	general	not important	very unimportant
C7	competition environment					
C8	official supervision and public opinion environment					

Questionnaire on "Competitive Environment" Third Indicators

secondary indicators	third indicators	very important	important	general	not important	very unimportant
C7 competition environment	D60 basketball equipment situation in the arena					
	D61 referee information (referee professional ethics, professional level, penalty style, etc.)					
	D62 the atmosphere of arena (audience situation, DJ and MC host situation, etc.)					
	D63 traffic situation that going to the competition venue					
	D64 location and climate condition of competition venue					
	D65 social customs and habits of competition venue					
	D66 meals and accommodation situation of competition venue					
C8 official supervision and public opinion environment	D67 change of official basketball rules					
	D68 official competition rules					
	D69 official news (the release of official documents, government attitude, official punishment, etc.)					
	D70 public opinion about the events of our team					

This is the end of the questionnaire. Thank you for your support!

附录5 我国篮球竞赛情报工作现状 调查问卷

尊敬的专家：

您好！

首先由衷地感谢您在百忙之中抽出时间完成问卷的填写，对您给予本研究的支持表示最诚挚的谢意！

本调查的目的是了解目前我国篮球竞赛情报工作的收集渠道、收集方法、分析工具、服务形式的现状，以期构建出篮球竞赛情报理论从而指导实践。在此非常希望得到您的支持与协助，谢谢！

通信地址：北京体育大学研究生院 （邮编100084）

联系电话：18911403186

电子邮箱：sqxs9@126.com

北京体育大学博士研究生：岳文

导师：沈阳体育学院马毅教授

2016 年 11 月

填表说明：请您根据实际情况进行选择或填写。您选择的答案无对错之分，仅用于学术研究，对您的答案我们将严格保密，因此请消除顾虑如实填写，谢谢！

您的基本信息：

一、年龄：A. 25 岁以下；B. 25～30 岁；C. 30 岁以上

二、受教育程度：A. 大专及在读；B. 本科及在读；C. 硕士及在读；D. 博士及在读

三、从事篮球科研工作（视频分析、技战术分析、球探、数据分析）的年限：A. 1 年及以下；B. 2~3 年；C. 4~5 年；D. 6~10 年；E. 10 年以上

四、现在或曾经效力的球队＿＿＿＿＿＿＿＿＿＿＿＿＿＿＿＿＿＿

问卷调查内容：

一、您一般采用哪些篮球竞赛情报收集渠道（获取情报信息的路径）？

（1）通过实地考察：

A. 非常多；B. 比较多；C. 一般；D. 较少；E. 很少

（2）通过录像观察：

A. 非常多；B. 比较多；C. 一般；D. 较少；E. 很少

（3）通过 Internet（互联网）和 Intranet（内联网）：

A. 非常多；B. 比较多；C. 一般；D. 较少；E. 很少

（4）通过人际网络：

A. 非常多；B. 比较多；C. 一般；D. 较少；E. 很少

（5）从体育公司购买：

A. 非常多；B. 比较多；C. 一般；D. 较少；E. 很少

（6）通过科研课题：

A. 非常多；B. 比较多；C. 一般；D. 较少；E. 很少

（7）通过媒体信息：

A. 非常多；B. 比较多；C. 一般；D. 较少；E. 很少

（8）通过书刊、档案、学术论文等文献资料：

A. 非常多；B. 比较多；C. 一般；D. 较少；E. 很少

（9）咨询或聘请熟悉竞争对手的人员（如曾在对手球队工作过的人员）：

A. 非常多；B. 比较多；C. 一般；D. 较少；E. 很少

（10）其他：

A. 非常多；B. 比较多；C. 一般；D. 较少；E. 很少

二、您一般采用哪些篮球竞赛情报收集方法？

（1）实地观察法：

A. 非常多；B. 比较多；C. 一般；D. 较少；E. 很少

（2）视频采集法：

A．非常多；B．比较多；C．一般；D．较少；E．很少

（3）技术统计法：

A．非常多；B．比较多；C．一般；D．较少；E．很少

（4）文献资料法：

A．非常多；B．比较多；C．一般；D．较少；E．很少

（5）访谈法：

A．非常多；B．比较多；C．一般；D．较少；E．很少

（6）其他：

A．非常多；B．比较多；C．一般；D．较少；E．很少

三、您一般采用哪些篮球竞赛情报分析工具？

（1）澳大利亚 Sportstec 公司研发的 Sportscode Gamebreaker 软件：

A．非常多；B．比较多；C．一般；D．较少；E．很少

（2）瑞士 Dartfish 公司研发的 Dart Trainer 软件：

A．非常多；B．比较多；C．一般；D．较少；E．很少

（3）加拿大 Corel 公司研发的 Video Studio（会声会影）软件：

A．非常多；B．比较多；C．一般；D．较少；E．很少

（4）美国 Adobe 公司研发的 Adobe Premiere 软件：

A．非常多；B．比较多；C．一般；D．较少；E．很少

（5）美国 Synergy Sports Technology 公司的视频编辑平台：

A．非常多；B．比较多；C．一般；D．较少；E．很少

（6）以色列球探网站 Scouting4u：Basketball Scouting Service & Video Online：

A．非常多；B．比较多；C．一般；D．较少；E．很少

（7）其他：

A．非常多；B．比较多；C．一般；D．较少；E．很少

四、您一般采用哪些篮球竞赛情报服务形式（传播、扩散情报分析成果的形式）？

（1）队内定期会议：

A．非常多；B．比较多；C．一般；D．较少；E．很少

（2）书面专题报告：

A．非常多；B．比较多；C．一般；D．较少；E．很少

（3）声像信息报告：

A. 非常多；B. 比较多；C. 一般；D. 较少；E. 很少

（4）内部竞训简报：

A. 非常多；B. 比较多；C. 一般；D. 较少；E. 很少

（5）个人交往或联系：

A. 非常多；B. 比较多；C. 一般；D. 较少；E. 很少

（6）内部数据库：

A. 非常多；B. 比较多；C. 一般；D. 较少；E. 很少

（7）电子邮件：

A. 非常多；B. 比较多；C. 一般；D. 较少；E. 很少

（8）培训讲座：

A. 非常多；B. 比较多；C. 一般；D. 较少；E. 很少

（9）其他：

A. 非常多；B. 比较多；C. 一般；D. 较少；E. 很少

问卷到此结束，再次对您的合作表示诚挚的谢意！

致　谢

　　我自小内向、天赋欠佳，时常因为对自己的不满意而深陷焦虑情绪之中。也许是我的勤奋让我获得了颇多机会锤炼自己、重塑自己。在自我完善之路上，承蒙很多人的厚爱和关照。首先，要感谢恩师马毅老师。在博士求学路上，拜于老师门下是我一生之幸事。老师对我的谆谆教诲和无私帮助，让我感激不尽，受益终身。在老师那里我学到的不仅仅是知识，更多也更重要的是老师为人的宽厚沉稳和德才双馨，这将是我一生中最宝贵的财富。在此，谨向老师表示深深的敬意和衷心的感谢。

　　感谢北京体育大学教育学院和管理学院诸位老师对我的栽培，尤其要感谢毕仲春和花勇民二位老师，在我人生轨迹的重要节点上给予点拨和提携，我必铭刻于心。还要感谢研究生院老师对我硕博 6 年的培养，第 26 届研会师生对我学业繁重的理解和支持。

　　感谢辽宁省实验中学，感谢北师大毕业的班主任胡卫国老师带领的2006 届 9 班，让我自高中起就懂得"明心知往，力行求至""学为人师，行为世范"，怀揣梦想笃定前行。

　　感谢华中科技大学对 19 岁懵懂无知的我的厚重的爱。还记得李培根校长在 2010 年毕业典礼上打动人心的演讲、"红色牧师"陈海春老师精彩的领导学课程、曾忠平老师无比耐心地指导我的本科毕业论文等。

　　此外，必须感谢对我论文撰写提供帮助的专家学者们。感谢求学期间给予我关怀和陪伴的杜文娅、张艺琼，以及李向前、陈宏、柴云梅、宫彬、刘永峰、闫二涛、徐昶楠、李辉、张铭鑫、王世伟、张伟等2014 级博士同窗好友；感谢我的同门手足：白敬锋师兄、李成梁师兄和孙哲师弟；还要感谢林俐师姐、单曙光师兄对我事业发展规划给予的重要指导。

　　特别感谢养育我的父母，从物质和精神上支持我不断完善自己、突破自我。